世界卫生组织室内氡手册

公共卫生视角

主译　武云云
审校　孙全富　侯长松
译者　宋延超　张庆召

中国原子能出版社

图书在版编目（CIP）数据

世界卫生组织室内氡手册 ：公共卫生视角 / 世界卫生组织编著 ；武云云，宋延超，张庆召译. -- 北京 ：中国原子能出版社，2024. 12. -- ISBN 978-7-5221-3967-8

Ⅰ. X510.6-62

中国国家版本馆 CIP 数据核字第 2024W59J05 号

世界卫生组织室内氡手册——公共卫生视角

出版发行	中国原子能出版社（北京市海淀区阜成路 43 号　100048）
责任编辑	张书玉　张问博
装帧设计	北京华联印刷有限公司
责任校对	刘　铭
责任印制	赵　明
印　　刷	北京厚诚则铭印刷科技有限公司
经　　销	全国新华书店
开　　本	787 mm×1092 mm　1/16
印　　张	12.125
字　　数	125 千字
版　　次	2024 年 12 月第 1 版　2024 年 12 月第 1 次印刷
书　　号	ISBN 978-7-5221-3967-8　　**定　价　60.00 元**

发行电话：010-88828678

利益声明

国际氡项目会议的所有参与者都被要求在工作中发现任何实际或潜在的利益冲突时向世界卫生组织报告，并签署一份利益冲突声明。本书所有参与者都不存在利益冲突。

致　谢

本手册由世界卫生组织公共卫生和环境部在国际氡项目框架内编写。100 多名科学家和氡专家通过多次会议协商制定了该手册。感谢所有的参与者和贡献者。

本手册分为 6 章，每章由世界卫生组织国际氡项目的一个工作小组负责撰写。此外，编辑小组负责进一步制作和审查。世界卫生组织特别感谢该小组的支持和付出：

Professor William J. Angell

Dr Francesco Bochicchio

Dr Susan Conrath

Professor Sarah C. Darby

Dr David Fenton

Professor R. William Field

Professor Alastair Gray

Dr Thomas Jung

Dr Michaela Kreuzer

Dr Paul McGale

Professor James McLaughlin

Dr Kristy Miller

Professor Terje Strand

Dr Jan M. Zielinski

世界卫生组织感谢国际原子能机构、联合国原子辐射效应科学委员会、国际放射防护委员会和欧洲联盟委员会的代表参加会议。

世界卫生组织感谢 Derek Christie、Kelli Donnelly 和 Florence Samkange-Zeeb 在审查和编辑稿件中作出的贡献。

世界卫生组织感谢美国环境保护局、英国卫生部以及爱尔兰环境遗产和地方政府部为世界卫生组织国际氡项目提供资助。感谢德国联邦辐射防护办公室对慕尼黑、波恩和美因茨会议举办的支持，感谢瑞士联邦公共卫生办公室承担手册的印刷费用。

贡献者/参与者

Dr Suminory Akiba[1]
Kagoshima University
Japan

Professor William J. Angell [3C, E]
University of Minnesota
USA

Dr Hannu Arvela[2, 3]
Radiation and Nuclear Safety Authority
Finland

Dr Anssi Auvinen[1]
Tampere School of Public Health
Finland

Dr Michael Bailey[2, 6]
Health Protection Agency
United Kingdom

Dr Juan Miguel Barros Dios[1]
University of Santiago de Compostela
Spain

Dr Helene Baysson[1]
Institut de Radioprotection et de Sûreté Nucléaire
France

Dr Ian Chell[2, 3]
Department of Health
United Kingdom

Dr Jing Chen[1, 2]
Health Canada
Canada

Dr Bernard Collignan[3, O]
Scientific and Technical Center for Buildings
France

Dr Susan Conrath[6, E]
U.S. Environmental Protection Agency
USA

Dr Constantin Cosma[2]
University Babes-Bolyai
Romania

Professor Sarah C. Darby[1C, E]
University of Oxford
United Kingdom

Dr Gregoire Dubois[O]
JRC - European Commission
Italy

---

[1] 健康效应工作组
[2] 测量工作组
[3] 防氡降氡工作组
[4] 成本效益工作组
[5] 沟通工作组
[6] 国家计划工作组

[C] 工作组主席
[E] 编辑组
[O] 观察员
[P] 项目协调
[V] 工作组副主席
[*] 2006 年 10 月于美因茨大学

Dr Thomas Beck[2]
Federal Office for Radiation Protection
Germany

Dr Francesco Bochicchio[1, 2, 5, 6V, E]
Italian National Institute of Health
Italy

Dr Kevin Brand[1, 4]
Health Canada
Canada

Dr Analia C. Canoba[2]
Autoridad Regulatoria Nuclear
Argentina

Dr Olivier Catelinois
Institut de Radioprotection et de Sûreté Nucléaire
France

Dr Douglas B. Chambers[1, O]
SENS Consultans Lim.
Canada

Dr David S. Chase[2, 3]
New Hampshire Department of Environment
USA

Dr Matti Hakama
Finnish Cancer Registry
Finland

Dr Manfred Helming
Federal Ministry for the Environment
Germany

Dr Dave Hill[1]
University of Oxford
United Kingdom

Sándor Horváth[5]
Federal Office of Public Health
Switzerland

Dr Philip Jalbert
U.S. Environmental Protection Agency
USA

Dr Jerzy Jankowski[2, 3]
Nofer Institute of Occupational Medicine
Poland

Dr Eckhard Ettenhuber[6]
Federal Office for Radiation Protection
Germany

Dr David Fenton[5, 6C, E]
Radiological Protection Institute of Ireland
Ireland

Professor R. William Field [1, 2C, 3, 6, E]
University of Iowa
USA

Dr Klaus Gehrcke[6]
Federal Office for Radiation Protection
Germany

Professor Alastair Gray[4C, E]
University of Oxford
United Kingdom

Dr Bernd Grosche
Federal Office for Radiation Protection
Germany

Martha Gruson[2]
Federal Office of Public Health
Switzerland

Dr Daniel Krewski[1, 4]
University of Ottawa
Canada

Dr Hans-Henning Landfermann[5]
Federal Ministry for the Environment
Germany

Professor James P Mc Laughlin[5C, 6, E]
University College Dublin
Ireland

Dr Marielle Lecomte[2, 3]
Department of Radiation Protection
Luxembourg

Dr Vladimir Lezhnin
Institute of Industrial Ecology
Russian Federation

Dr Ilona Mäkeläinen[4]
Radiation and Nuclear Safety Authority
Finland

Dr Philip H. Jenkins[2V, 3]
Bowser-Morner, Inc.
USA

Dr Barnes Johnson
U.S. Environmental Protection Agency
USA

Dr Thomas Jung[E]
Federal Office for Radiation Protection
Germany

Dr Gerald Kendall
Health Protection Agency
United Kingdom

Professor Antoine Kies
University of Luxembourg
Luxembourg

Dr Yoon-Shin Kim
Hanyang University
Republic of Korea

Dr Gerald Kirchner
Federal Office for Radiation Protection
Germany

Dr Virginia Koukouliou[5]
Greek Atomic Energy Commission
Greece

Dr Tibor Kovacs[3]
University of Pannonia
Hungary

Professor Lothar Kreienbrock[1]
University of Hannover
Germany

Dr Michaela Kreuzer[1, E]
Federal Office for Radiation Protection
Germany

Dr Maria Pavia[1]
University of Catanzaro
Italy

Dr André Poffin[5]
Federal Agency for Nuclear Control
Belgium

Dr Ches Mason[6, O]
International Atomic Energy Agency
Austria

Dr Paul McGale[1]
University of Oxford
United Kingdom

Dr Susanne Menzler[1]
University of Hannover
Germany

Dr Winfried Meyer[3]
Federal Office for Radiation Protection
Germany

Dr Jon Miles[3, 6]
Health Protection Agency
United Kingdom

Dr Kristy Miller[5, E]
U.S. Environmental Protection Agency
USA

Dr Lars Mjones[6]
Swedish Radiation Protection Authority
Sweden

Dr Christophe Murith[6]
Federal Office of Public Health
Switzerland

Dr Alison Offer[1]
University of Oxford
United Kingdom

Professor Herwig Paretzke[1]
Helmholtz Zentrum München
Germany

Dr Laima Pilkyte[2]
Radiation Protection Centre
Lithuania

Dr Georges Piller[6]
Federal Office of Public Health
Switzerland

Dr Shinji Tokonami[2, 3]
National Institute of Radiological Sciences
Japan

Dr Dobromir Pressyanov[2, 3]
University of Sofia
Bulgaria

Dr Lidia Purghel[2]
National Inst. for Physics and Nuclear Engineering
Romania

Dr Luis Santiago Quindós Poncela[2, 3, 5]
University of Cantabria
Spain

Dr Alberto Ruano Ravina[1]
University of Santiago de Compostela
Spain

Dr Simon Read[1]
University of Oxford
United Kingdom

Dr Wolfgang Ringer[2, 3, 6]
Austrian Agency for Health and Food Safety
Austria

Georges-André Roserens[3]
Federal Office of Public Health
Switzerland

Chris Scivyer[2]
Building Research Establishment
United Kingdom

Professor Bing Shang[1, 2, 3]
National Institute for Radiological Protection
China

Dr Margaret Smith[1]
University of Oxford
United Kingdom

Dr Ann-Louis Söderman[5, 6]
Swedish Radiation Protection Authority
Sweden

Professor Daniel Steck[2V]
St. John's University
USA

Professor Terje Strand[2, 3, 4V, 5, E]
Norwegian Radiation Protection Authority
Norway

Dr Ladislav Tomasek[1, 4]
National Radiation Protection Institute
Czech Republic

Dr Jochen Tschiersch[2V]
Helmholtz Zentrum München
Germany

Dr Lene Veiga[1]
Radiation Protection and Dosimetry Institute
Brazil

Dr Hilary Walker[5]
Health Protection Agency
United Kingdom

Dr Zuoyuan Wang
National Institute of Radiation Protection
China

Dr Wolfgang Weiss[O]
Federal Office for Radiation Protection
Germany

Professor H.-Erich Wichmann[1]
Helmholtz Zentrum München
Germany

Dr Peter Wiedemann
Research Center Juelich
Germany

Dr Yuji Yamada[2]
National Institute of Radiological Sciences
Japan

Dr Hidenori Yonehara[4, 6]
National Institute of Radiological Sciences
Japan

Dr Mikhail Zhukovsky[1, 2]
Institute of Industrial Ecology
Russian Federation

Dr Jan M. Zielinski[1V, E]
Health Canada
Canada

Dr Zora S. Zunic[5]
Institute of Nuclear Sciences
Serbia

Dr Quanfu Sun[4, 5]
National Institute for Radiological Protection
China

Dr Pavel Szerbin[5]
Institute for Radiobiology and Radiohygiene
Hungary

Dr Josef Thomas
National Radiation Protection Institute
Czech Republic

Dr Margot Tirmarche[1, O]
Institut de Radioprotection et de Sûreté Nucléaire
France

World Health Organization

Dr Zhanat Carr[5, P]
Dr Emilie van Deventer
Dr Annette Prüss-Üstün
Dr Michael Repacholi
Dr Ferid Shannoun[P, E]
Dr Hajo Zeeb[1, 6, P, E, *]

译者序

氡是人类受到天然电离辐射最主要的来源，是继吸烟以外导致公众肺癌的第二大危险因素。世界卫生组织（WHO）指出，在所有肺癌中，氡导致的肺癌比例为3%～14%。随着我国居民居住条件、建筑材料等方面的改变，我国室内氡浓度呈增高趋势，氡照射及其防护受到越来越多的关注。

WHO于2009年编印了《室内氡手册——公共卫生视角》。该手册为 WHO 国际氡项目的关键成果，重点关注居民氡照射，从公共卫生的角度详细阐明了氡的健康危害、测量方法、防氡和降氡措施、氡控制的成本—效益分析、氡风险沟通与国家氡计划。

为更好地应对控制公众氡照射的挑战，中国疾病预防控制中心辐射防护与核安全医学所申请获得了WHO《室内氡手册——公共卫生视角》中文版授权。翻译工作从2021年11月开始，历经1年时间完成。辐射安全所武云云作为主译，负责翻译了序、执行摘要、缩写、术语、前言、第1章和第2章；宋延超翻译了第3章和第 4 章；张庆召翻译了第 5 章和第 6 章。硕士研究生学生杨丽和徐健对文字和图表格式进行了编辑和整理。孙全富和侯长松负责审核和译校。

复旦大学卓维海、北京大学郭秋菊、南华大学叶勇军以及辐射安全所尚兵和崔宏星为本书翻译工作提出了许多宝贵的意见。

鉴于译者水平有限，翻译难免有错误和不当之处，欢迎读者批评指正。

中国疾病预防控制中心

辐射防护与核安全医学所

2024 年 10 月

序

在一般人群中，氡是诱发肺癌的第二大原因，仅次于吸烟。流行病学研究为氡致肺癌提供了有力证据，即使在常见住宅中相对较低的氡水平，也发现室内氡照射与肺癌发生之间存在关联。但是，迄今为止，只有少数国家通过采取行动成功减少了氡照射诱发的肺癌人数。

1979 年，世界卫生组织（WHO）通过欧洲室内空气质量工作组，首次提出关注居室氡照射对居民健康的影响。1988 年，WHO 的专门癌症研究机构国际癌症研究机构（IRAC）将氡列为人类致癌物。1993 年，WHO 在（以色列）埃拉特组织了一次室内氡的国际研讨会，欧洲、北美洲和亚洲的科学家及氡专家参加了这次研讨会，朝着采取统一方法控制氡照射以及就健康风险沟通提供咨询迈出了第一步。

2005 年，WHO 启动了国际氡项目，旨在确定减少氡对健康影响的有效措施，并提高公众和政府对长期接受氡照射危害的认识。30 多个国家的参与者和贡献者为全球广泛认识室内氡有关的问题而共同努力。

本手册是 WHO 国际氡项目的关键成果之一，重点关注居民氡照射，从公共卫生角度强调氡的健康影响。本手册包括降低氡健康风险的详细建议以及强有力的防氡和降氡措施的选择。该手册适用于准备制定国家氡计划或采取氡行动的国家以及参与氡控制的利益相关者，如建筑和工程相关专业人员。

WHO 建议应制定全面的氡计划，最好与室内空气质量和烟草控制方案紧密结合。本手册介绍了一些有氡计划国家的长期经验。WHO 期待继续加强与各国的合作，挑战实现降低氡相关健康负担的目标。

Maria Neira 博士

世界卫生组织

环境与公共卫生健康部

执行摘要

氡是一种从岩石和土壤中释放出来的放射性气体，容易聚集在封闭的空间，如地下矿井或房屋中。土壤气体的渗入是室内氡的重要来源。其他来源，包括建筑材料和井水，在大多数情况下贡献不大。氡是公众接受天然电离辐射的主要来源。

最近，欧洲、北美洲和亚洲的研究表明，一般人群中的肺癌很多是由氡引起的，这为室内氡和肺癌的关系提供了强有力证据。目前估计，由氡引起的肺癌比例占3%～14%，取决于不同国家的平均氡浓度和计算方法。这些研究分析表明，肺癌风险随氡暴露量的增加呈比例增加。由于许多人暴露在低氡浓度和中等氡浓度中，大多数氡导致的肺癌由中、低氡浓度引起，而不是由高浓度氡引起的。氡是继吸烟之后引起肺癌的第二大原因。由于吸烟和氡之间存在很强的协同效应，大多数氡引起的肺癌病例出现在吸烟者中。

氡的测量方法相对简单，但对于评估室内氡浓度至关重要。氡测量需要采用标准方法，以保证测量结果的准确性和一致性。

室内氡浓度随建筑物类型和通风习惯的不同而变化。氡浓度不仅随季节变化很大，而且每天甚至每小时变化都很大。由于这些波动，估计室内空气中氡的年平均浓度需要至少三个月或更长时间的可靠测量。短期测量结果仅作为实际氡浓度的粗略估计。为了保证氡测量的质量，强烈建议对测量装置进行质量控制。

氡的防护包括新建筑物的预防和已建建筑物的降氡措施。氡的预防和降氡策略重点是密封氡的进入途径，通过不同的土壤减压技术逆向改变室内空间和室外土壤之间的气压差。在多数情况下，多种方法结合使用可以有效降低室内氡浓度。

利用成本—效益分析可以选择氡的预防和降氡措施。成本—效益分析针对不同的行动或政策，给出净健康成本和净健康利益，进而确定这些行动或政策的优先顺序。

优化分析表明，在5%的住房氡浓度超过200 Bq/m^{3}的地区，值得对所有新建房屋采取预防性措施。新建房屋采取的防氡措施比已建房屋采取降氡改造效果更好。对已建房屋而言，在一些低风险地区测量费用可能会高于降氡费用，由于与需要降氡的房屋数相比，需要测量的房屋数更多。分析表明，即使在全国范围实施降氡方案没有效益，但是，对于高氡地区而言，室内高浓度的氡会给个体带来相当大的肺癌风险，仍需要采取降氡措施。

由于普通公众对室内氡的风险并不了解，建议针对公众进行特别的风险沟通。氡的风险沟通需要重点告知不同的受众，并推荐降氡的措施。这需要技术和沟通方面的专家，通过必要的专业合作，共同努力制定出一套氡风险沟通核心信息。氡的风险信息应尽量简洁，用简单易懂的语言向公众表达量化的风险信息。例如，可将氡引起肺癌的风险与其他癌症风险，或与日常生活中的一般风险放在一起进行比较。

应制定降低氡风险的全国公共卫生计划。国家氡计划旨在降低全国平均氡浓度下全人群风险，以及降低生活在高氡地区人群的个人风险。

国家氡政策应着重查明人群接受氡照射风险最高的地理区域，提高公众对相关健康风险的认知。成功的国家氡计划关键在于与其他健康促进计划（如室内空气质量、烟草控制）协调行动，培训建筑专业人员和其他贯彻防氡、降氡措施的利益相关者。建筑法规应规定，房屋建造时应有防氡措施的要求，以及在购买和销售房屋时应进行氡测量，有助于发现高氡浓度房屋。

国家氡参考水平，代表室内最高可接受的氡浓度，是国家氡计划的重要组成部分。对于室内氡浓度超过此水平的房屋，建议或要求采取行动。制定氡参考水平时，应考虑氡的分布、已有高氡浓度房屋的数量、室内氡水平的算术均值、吸烟率等国家因素。根据最新的科学数据，世界卫生组织建议参考水平为 100 Bq/m^3，以减少室内氡照射的健康危害。但是，如果国家当前不能达到这一水平，选定的氡参考水平不应超过 300 Bq/m^3，根据国际放射防护委员会的估算，相应的年有效剂量大约为 10 mSv。

本手册的总体目标是提供目前氡和健康方面的概述，不是为了取代现有的辐射防护标准，而是强调国家氡计划的全面规划、实施和评估。

缩　写

ACD Activated charcoal detector 活性炭探测器

ASD Active soil depressurization 主动土壤减压

ASTM American Society for Testing and Materials 美国材料测试学会

ATD Alpha track detector α径迹探测器

BEIR Biological Effects of Ionizing Radiation 电离辐射生物效应（科学委员会）

CBA Cost benefit analysis 成本—收益分析

CRM Continuous radon monitor 连续氡测量仪

DALY Disability adjusted life year 伤残调整寿命年

DEFRA Department for Environment，Food and Rural Affairs 美国环境、食品和农村事务部

DIN Deutsches Institut für Normung 德国东北部研究所

DTD Double alpha-track detector method 双α径迹探测器方法

EC European Commission 欧盟委员会

EIC Electret ion chamber 驻极体电离室

EID Electronic integrating device 静电收集装置

ERR Excess relative risk 超额相对危险

ETS Environmental tobacco smoke 环境烟草烟雾

GM Geometric mean 几何均值

GSD Geometric standard deviation 几何标准差

HVAC Heating ventilation and air conditioning 暖通空调

IARC International Agency for Research on Cancer 国际癌症研究机构

ICRP International Commission on Radiological Protection 国际放射防护委员会

LSC Liquid scintillation counting 液体闪烁计数

MDC Minimum detectable concentration 最低可检测浓度

NCRP National Council on Radiation Protection and Measurements（美国）国家辐射防护与测量委员会

NRC National Research Council（美国）国家科学研究委员会

OECD Organization for Economic Co-operation and Development 经济合作与发展组织

PAEC Potential alpha energy concentration α 潜能浓度

PSD Passive soil depressurization 被动土壤减压

PT Proficiency test 能力测试

QA Quality assurance 质量保证

QALY Quality adjusted life year 质量调整寿命年

QC Quality control 质量控制

RPD Relative percent difference 相对百分偏差

RR Relative risk 相对危险

STAR Systems for Test Atmospheres with Radon 氡环境试验系统

UNSCEAR United Nations Scientific Committee on the Effects of Atomic Radiation 联合国原子辐射效应科学委员会

USDHHS United States Department of Health and Human Services 美国卫生与公众服务部

USEPA United States Environmental Protection Agency 美国环境保护局

WHO World Health Organization 世界卫生组织

WL Working level 工作水平

WLM Working level month 工作水平月

术语表

建筑专业人员：指所有参与建筑物的设计、建造、改造和维修的人员，以及参与防氡和降氡系统的设计和安装人员。

浓度：单位体积空气中氡气的活度，以在单位体积的空气中单位时间内的衰变数为单位。放射性浓度的单位是贝可每立方米（Bq/m^3）。

伤残调整寿命年（DALY）：根据残疾程度调整的个人寿命长度来衡量健康状况的方法。损失的伤残调整寿命年通常参考预期寿命较长的国家完全健康的金标准来计算。例如，在南部非洲，一个因失明而致残的人，死亡时年龄 45 岁，由于失明而丧失了几年的完全健康，与日本的平均预期寿命 80 岁相比，减少了 35 年的寿命。

平衡因子（F-factor）：氡衰变产生氡子体，这些短寿命子体一直衰变到长寿命核素铅。用 F 因子来描述氡与其子体的比值。F 因子为 1 表示氡与其子体的量相等。居室 F 因子的典型值取 0.4。

超额相对危险（ERR）：度量流行病学风险的量，用来描述某特定水平暴露人群的风险超过未暴露人群的风险。

暴露：个体在一定氡浓度下的停留时间，由氡浓度（单位 Bq/m^3）乘以该区域停留时间来确定。

几何平均值（GM）：几何平均值代表一组数的总体趋势或典型值，这些数服从对数正态分布。通过求 *n* 个数的乘积开 *n* 次方来计算。

房屋或住宅：指所有非职业人员居住的独立和非独立结构的建筑。“house”是指独立的单一家庭住宅。

住户：统称居住在一个家庭或住宅中的人。指住宅的居住者，包括物业的业主和租户。

长期测量：氡浓度测量时间从 3 个月到 1 年不等。

隔膜或屏障：这两个术语指在施工期间放置在房屋地基上的连续的塑料膜，目的是施工完成时阻止氡进入房屋。

减缓或补救：指已建建筑物中为减少氡进入而采取的措施。

国家氡计划：由国家权威机构指定的机构实施的一系列旨在尽量减少人群氡照射的措施。

国家氡调查：为确定氡浓度分布进行的调查，可以代表一个国家人群的氡暴露水平。

预防：本手册指在建造新房或住宅期间采取的旨在防止氡进入的措施。

质量调整寿命年（QALY）：根据质量、价值或功能调整的寿命年，完全健康的一年被赋予 1 QALY；同一时期的中度疼痛可能赋予 0.7 QALY。QALY 的目标是将生命质量和生命年限纳入一项指标，因此，作为衡量健康结果的综合指标，健康经济学家很关注。

质量保证：氡测量过程的特定阶段采取的一套有计划的系统行动，以确保测量结果的可靠性和准确性。

质量控制：氡测量实验室内进行质量检查，作为整个质量保证体系的一部分。

高氡潜势区：该区域有相当大比例的室内氡浓度超过参考水平。

参考水平：这一水平并没有界定安全与危险之间的严格界限，而是代表强烈建议或要求降低氡浓度的年平均浓度。

相对危险（RR）：暴露组与未暴露组发生疾病的概率之比。

装修：可能给氡开辟新进入途径，扰乱通风模式或改变气压模式，改变住宅结构、供暖、制冷和机械系统的工程。

短期测量：氡浓度测量不超过 3 个月。

社会营销：应用市场营销与其他想法和技术一起为社会公益实现特定目标的行为。它应用于健康促进运动，以改变人们的行为，例如在戒烟信息里，或为预防皮肤癌而鼓励人们避免过度照射阳光。

工作水平月（WLM）：工作水平（WL）定义为氡的短寿命子体在 1 L 空气中产生能量为 1.3×10^5 MeV 的 α 潜能。一个人在 1 WL 的 α 潜能浓度下累积暴露 170 h（或在 2 WL 浓度下暴露一半的时间）定义为 1 个工作水平月（WLM）。

前　言

电离辐射对人体健康产生的风险众所周知。迄今为止，氡气是天然电离辐射最主要的来源。氡，通常指 ^{222}Rn，是铀（^{238}U）的衰变产物镭（^{226}Ra）产生的惰性气体。铀和镭存在于天然土壤和岩石中。氡的其他同位素包括钍射气（^{220}Rn）和锕射气（^{219}Rn）。^{222}Rn 的半衰期为 3.8 天，从岩石和土壤中释放出来，容易在封闭的空间，如地下矿井或房屋中聚集。氡是公众所受电离辐射剂量的主要来源。

当吸入氡气后，氡的短寿命子体（^{218}Po 和 ^{214}Po）会释放出 α 粒子，与肺部生物组织相互作用，导致 DNA 损伤。通常认为，癌症至少需要发生一次基因突变，以及维持一定程度 DNA 损伤的间期细胞增殖，可以大大增加用于癌症发展的细胞数量。由于即使是单个 α 粒子也会对细胞造成关键的遗传损伤，所以 DNA 损伤可能在任何暴露水平下都会发生。因此，氡致肺癌不存在剂量阈值。

几十年来，人们一直在研究氡对健康的影响，尤其对肺癌的影响。最初研究集中在暴露于高氡作业环境的地下矿工。20 世纪 80 年代初期，根据居室和其他建筑物的氡浓度调查结果，结合矿工流行病学研究的风险估计，为氡可能是普通人群中肺癌的重要原因提供了间接证据。最近，直接调查室内氡和肺癌关系提供了令人信服的证据，表明即使在建筑物中常见的氡水平，室内氡也会增加肺癌风险。矿井和居室环境中氡的风险评估为氡的健康风险提供了清晰的认识。目前，氡被认为是继吸烟之后导致公众肺癌的第二因素。

在过去几十年，我们已经认识了氡的来源和输运机制。20 世纪 50 年代，从钻井生活饮用水中发现了高浓度的氡。最初人们主要关注饮水对健康的影响，后来确定水中氡的主要健康风险为吸入由水中释放进入室内空气的氡。20 世纪 70 年代中期，由于使用了具有较高镭含量的页岩板材[①]，发现了某些地区建筑材料中氡释放的问题。直到 1978 年，人们发现室内氡浓度高的房屋与井水输送或建筑材料释放无关，土壤气体渗入被认为是室内氡最重要来源。其他来源，包括建筑材料和井水，大多数情况下贡献不大。

本手册的重点是室内氡照射。流行病学表明，室内氡是导致一般人群中相当数量肺癌的原因。大多数国家的室内氡浓度分布呈对数正态分布，大部分氡浓度在较低范围内。因此，绝大多数氡诱发的肺癌被认为由中、低浓度的氡照射导致。最近，UNSCEAR

---

① 用于生产特定类型的轻质混凝土的各种页岩或粘土板岩。

报道，从矿工流行病学研究和居室病例—对照研究中得出的氡风险估计之间有显著的一致性。虽然矿工研究为氡暴露的风险评估和剂量—反应关系的修正提供了强有力的基础，但是，最近的居室联合研究提供了直接评估居民氡风险的方法，而不必要从矿工研究中进行外推。

本手册分为6章，每章都有关键信息介绍，以方便读者理解。通常，术语或词语在第一次使用时定义。一些特定的术语在术语表中进一步定义。

第1章讨论了目前关于氡健康风险的知识，并介绍了人群氡暴露和肺癌相关风险的最新估计。本章还涉及氡有关的其他潜在健康影响。

第2章为选择氡及其衰变产物测量设备和建立空气和水中氡的可靠测量方案提供了一个框架。本章还概述了各种氡测量方案的指南，例如对单个房屋进行测量和建筑材料的诊断测量。

第3章讨论了新建住宅建造期间氡的控制（预防）和已建住宅的降氡措施（缓解或补救）。

第4章介绍了利用经济评价方法评估不同预防和补救措施的成本—效益。综述了成本—效益分析的方法，以及该方法与氡行动的相关性。用一个案例说明了该方法和结果的解释。

第5章为制定氡风险沟通提供了指导，并提出了向不同目标群体进行氡风险沟通的核心信息。

第6章介绍了制定国家氡计划的要素和组织框架。本章还讨论了氡参考水平及其重要性。

因此，本手册从国际角度通过不同章节阐述了氡的环境健康问题。该手册侧重于居室氡照射问题，从公共卫生的视角强调其影响，同时包括关于降低氡健康风险的详细建议以及防氡和降氡的合理选择。各国需要制定能够反映其区域特点（例如氡来源、输运机制、建筑法规、建筑规范和建筑特点）的防氡降氡方案。该手册不是为了取代现有的辐射防护标准，而是使各国能够全面规划、实施和评估国家氡计划。该手册适用于准备制定国家氡计划或采取氡行动的国家，以及参与氡控制的利益相关者，如建筑和工程专业人员。

目　录

1. 氡对健康的影响

关键信息

■ 流行病学研究证实，居室氡照射增加了一般人群患肺癌的风险。氡的其他健康影响尚未达成共识。

■ 在所有肺癌中，氡导致的肺癌比例估计为3%～14%，取决于全国的平均氡浓度和计算方法的差异。

■ 在许多国家，氡是继吸烟之后引起肺癌的第二个重要原因。与不吸烟的人相比，氡更容易导致吸烟者或有吸烟史的人患肺癌。然而，在从不吸烟的人群中，氡是导致肺癌的主要原因。

■ 目前不存在氡暴露不导致风险的已知阈值浓度，即使氡浓度水平较低，患肺癌的风险也会略有增加。

■ 大多数氡引起的肺癌是由低浓度和中等浓度的氡引起的，这是因为只有少数人暴露在高浓度氡中。

本章讨论了氡的健康风险的现有知识，包括肺癌和其他潜在的健康影响。本章还给出了各国氡浓度的估计值，并总结了氡导致肺癌负担的最新估计。在大多数国家，氡是人体所受天然电离辐射的最大来源。在一般人群中，氡暴露主要发生在室内，特别在小型建筑物，如住宅（UNSCEAR，2000），尽管对于某些群体来说，职业暴露带来更大的风险。

早在16世纪，有证据表明，中欧某些地下矿工的呼吸系统疾病死亡率明显上升。直到19世纪，人们才认识到这种疾病实际上是肺癌。20世纪，首次怀疑氡是导致矿工肺癌的主要原因。20世纪50年代，氡与矿工肺癌的因果关系得到了确认。其他资料提供了更多有关发现矿工肺癌与氡的历史细节（BEIR IV 1988）。有关地下矿工职业性暴露（高浓度）的研究一致表明，吸烟者和不吸烟者患肺癌的风险都会增加。因此，1988年，国际癌症研究机构将氡列为人类致癌物（IARC 1988）。

20世纪80年代以来，大量研究直接调查了室内氡与一般人群肺癌的关系。从单独的研究来看，这些研究的样本数通常都太小，或者无法排除重要的风险，或者无法明确提供存在关联的证据。因此，研究人员将欧洲、北美洲和中国的主要研究数据分别合并在一起，并重新分析（Lubin 等 2004，Krewski 等 2005，2006，Darby 等 2005，2006），即“联合研究”。在欧洲、北美洲和中国三个地区的联合研究中，居民氡暴露导致肺癌的风险非常相似。总之，联合研究提供了明确证据，表明一般人群中氡引起相当数量的肺癌，并且直接估计了肺癌风险程度。联合研究还表明，即使氡浓度低于目前许多国家推荐的200 Bq/m^{3}行动水平，也不能排除肺癌的风险。

1.1 氡暴露所致矿工的肺癌风险

氡暴露矿工的肺癌发病率一般采用队列研究，以特定时间段内在矿山的全部男性矿工为研究对象。这些人被跟踪随访多年，不管他们是否继续在矿井里工作，随访结束时确定每个人的健康状况。对于已经死亡的研究对象，确定死亡日期和死因，计算肺癌总死亡率和按年龄、暴露周期、累积氡暴露量等因素分组后的死亡率。在这些研究中，通常回顾性估计氡暴露量。许多研究中，氡暴露量评估的质量很低，特别在采矿早期，氡暴露量最高，却没有进行氡测量。在矿工氡暴露研究中，一般用“工作水平”（WL）表示氡子体浓度。1 个工作水平的定义为氡的短寿命子体在 1 L 空气中产生能量为 1.3×10^5 MeV 的 α 潜能。在 1 WL 的 α 潜能浓度下累积暴露 170 h（或在 2 WL 浓度下暴露一半的时间）定义为 1 个工作水平月（WLM）。

20 世纪 90 年代，辐射生物效应科学委员会对已有地下矿工氡暴露的主要研究进行了总结（BEIR VI 1999）。共收集了 11 项队列研究，其中包括欧洲、北美洲、亚洲和澳大利亚的共计 6 万名矿工，有 2 600 人死于肺癌。其中 8 项研究针对铀矿工，其余为锡矿工、萤石矿工或铁矿工。通常，肺癌发病率随氡累积暴露量的增加而增加。但是，有 1 项研究（科罗拉多队列研究）发现，在中等氡累积暴露量时肺癌发病率增加，在高氡累积暴露量时肺癌发病率下降。这项研究中，排除氡累积暴露量 3 200 WLM 以上的病例后，所有队列肺癌发病率随氡累积暴露量的增加呈近似线性增长。尽管随单位氡暴露的增加肺癌发病率的增加幅度在不同队列之间差了 10 倍以上，这种差异并非偶然。

尽管不同的队列研究给出的风险值有很大差异，BEIR VI 委员会将所有 11 项队列研究的数据汇总并进行了大量分析，不同的队列给予了不同的权重。该分析估计，11 项队列研究合并后，每 WLM 氡暴露导致的矿工肺癌死亡率平均增长 0.44%（95%的置信区间 0.20%～1.00%）。每 WLM 氡暴露导致的矿工肺癌死亡率增加百分比随暴露后的时间而变化，暴露后经过 5～14 年最高。每 WLM 氡暴露导致的矿工肺癌死亡率增加百分比也随年龄而变化，暴露年龄越小，死亡率的增加越大。BEIR VI 的另一发现是与暴露于相对较高氡浓度的矿工相比，暴露于较低氡浓度的矿工每 WLM 肺癌死亡率增加的百分比更大。BEIR VI 委员会总结了氡暴露矿工的风险，并建立了一些模型用于预测其他氡暴露人群的可能风险，表 1 介绍了暴露—年龄—浓度模型。

表 1　BEIR VI 委员会矿工研究和德国铀矿工研究中氡致肺癌模型

	BEIR VI 委员会[a]	德国铀矿工[b]
基线风险 ERR/WLM[c] /%		
β	7.68	1.35
暴露后经过时间/年		
$\theta_{5\sim14}$	1.00	1.00
$\theta_{15\sim24}$	0.78	1.52

续表

暴露后经过时间/年	BEIR VI 委员会[a]	德国铀矿工[b]
θ_{25+}	0.51	0.76
到达年龄/岁		
$\varphi_{<55}$	1.00	1.00
$\varphi_{55\sim64}$	0.57	0.80
$\varphi_{65\sim74}$	0.29	0.66
φ_{75+}	0.09	0.49
氡浓度/WL		
$\gamma_{<0.5}$	1.00	1.00
$\gamma_{0.5\sim1.0}$	0.49	0.52
$\gamma_{1.0\sim3.0}$	0.37	0.36
$\gamma_{3.0\sim5.0}$	0.32	0.31
$\gamma_{5.0\sim15.0}$	0.17	0.25
$\gamma_{15.0+}$	0.11	0.12

a 来源：BEIR VI（1999）。

b 来源：Grosche 等（2006）。

c 例如暴露后经过 5～14 年，到达年龄<55 岁，氡浓度<0.5 WL。

这两项研究中，氡暴露与肺癌死亡风险关系模型为 $R=\beta\omega^{*}\phi_{年龄}\gamma_{z}$，其中 R 指某一年龄段暴露氡的人肺癌死亡率增加的百分比，β 是将肺癌死亡率增加与氡暴露史关联的参数；ω^{*} 表示氡暴露量 WLM，为加权平均数，$\omega^{*}=(\omega_{5\text{-}14}+\varphi_{15\text{-}24}\omega_{15\text{-}24}+\varphi_{25}+\omega_{25+})$，其中 $\omega_{5\text{-}14}$、$\omega_{5\text{-}24}$ 和 ω_{25+} 分别表示在到达年龄之前的 5～14、15～24 和 25 年以上的氡暴露量。$\omega_{5\text{-}14}$ 等于 1，而 $\varphi_{15\text{-}24}$ 和 φ_{25+} 分别代表与到达年龄之前 5～14 年接受的风险相比到达年龄之前 15～24 年和 25 年以上接受氡暴露风险的相对贡献。我们假设 5 年以内的氡暴露不会产生任何风险。参数 $\varphi_{年龄}$代表年龄的修正，参数 γ_{z} 代表氡浓度的修正。

自 BEIR VI 报告发布以后，捷克（Tomasek 等 2002，2004）和法国（Rogel 等 2002，Laurier 等 2004）先后进行了氡暴露矿工

研究。发表的一些论文还对其他群体进行了进一步分析（Langholz 等 1999，Stram 等 1999，Hauptmann 等 2001，Hornung 等 2001，Duport 等 2002，Archer 等 2004，Hazelton 等 2001，Heidenreich 等 2004）。此外，在波兰（Skowronek 等 2003）和巴西（Veiga 等 2004）还建立了煤矿氡暴露矿工队列，在东德建立了铀矿工大型队列（Kreuzer 等 2002）。

德国队列研究包括曾在德国东部的 Wismut 矿山工作的 59 001 名男性矿工（Grosche 等 2006），第一次死亡率随访时，共发现 2 388 例肺癌死亡病例。德国队列引发特别关注，由于德国队列规模很大，几乎是 BEIR VI 委员会研究中所有 11 个队列的总和。此外，德国队列的所有矿工都来自同一个地区，有着相同的社会背景，所有矿工都接受了同样的随访方法和暴露评估系统。这项研究中，每 WLM 氡暴露导致矿工肺癌死亡率平均增加 0.21%（95% 的置信区间为 0.18%～0.24%），略高于 BEIR VI 委员会分析结果的一半。将 BEIR VI 委员会的暴露—年龄—浓度模型用于德国队列研究，发现每 WLM 氡暴露导致矿工在暴露后经过 15～24 年死亡率增加的百分比最大，而在 BEIR VI 模型中为暴露后经过 5～15 年死亡率增加最高（见表 1）。与 BEIR VI 模型一样，矿工年龄越大，氡暴露所致的肺癌死亡率增加越低，但是随年龄增长的斜率较为平缓。这两项研究中，单位氡暴露所致的矿工肺癌死亡率增加百分比随着氡浓度的增加而降低，氡暴露大于 15.0 WL 时的风险约为低于 0.5 WL 时风险的十分之一。

BEIR VI 委员会纳入的几项研究有吸烟的信息，这些研究中每

WLM 氡暴露所致矿工肺癌死亡率平均增加了 0.53%(95% 的置信区间为 0.20%～1.38%)，与 BEIR VI 委员会的 11 项队列联合研究得到的值相似。当分别对不吸烟者（即终身不吸烟者）和吸烟者（即现在吸烟者和以前吸烟者）进行分析时，不吸烟者每 WLM 氡暴露所致的矿工肺癌死亡率增加了 1.02%（95% 的置信区间为 0.15%～7.18%），吸烟者为 0.48%（95% 的置信区间为 0.18%～1.27%）。因此，不吸烟者每 WLM 氡暴露所致的矿工肺癌死亡率风险增加幅度比吸烟者大，但这种差异在统计学上并不显著（BEIR VI 1999）。

德国队列研究中，大多数没有提供吸烟习惯的信息。20 世纪 90 年代，德国铀矿公司的前雇佣矿工在几家特定医院诊断出肺癌，并开展了一项病例—对照研究（Brueske-Hohlfeld 等 2006）。该项研究也发现，终身不吸烟者每 WLM 氡暴露所致矿工肺癌死亡率增加高于以前吸烟者，而以前吸烟者每 WLM 氡暴露所致矿工肺癌死亡率增加高于现在吸烟者［现在吸烟者：0.05%（95%置信区间为 0.001%～0.14%）；以前吸烟者：0.10%（95%置信区间为 0.03%～0.23%）；不吸烟者：0.20%（95%置信区间为 0.07%～0.48%）］。

无论不吸烟者和吸烟者之间每 WLM 氡暴露所致矿工肺癌死亡率增加的真实百分比是否不同，值得注意的是，现在吸烟者每 WLM 氡暴露所致矿工肺癌死亡率的绝对增加将远远高于不吸烟者，这是由于在一定氡浓度下吸烟者比不吸烟者患肺癌的几率要高得多。对于以前吸烟者来说，每 WLM 氡暴露所致矿工肺癌死亡率的绝对增幅介于现在吸烟者与不吸烟者之间，具体由吸烟时间、戒烟前每天吸烟的数量以及戒烟时长等因素而定。

1.2 公众室内氡暴露所致肺癌风险

背景

氡暴露地下矿工患肺癌风险的程度，强烈表明住宅和其他建筑物内的氡暴露可能是一般人群患肺癌的原因之一。矿井和室内的暴露条件明显不同（NRC 1991），已有研究表明矿工吸烟的风险与当前一般人群中吸烟的风险也不同。决定肺癌风险的其他因素在矿井和室内之间也存在差异。例如，许多矿工除了氡之外还接触了其他致肺癌物质，如砷。这些差异意味着，通过矿工研究中外推居室氡致肺癌风险的定量评估存在很大不确定性。

通过直接研究室内氡与肺癌风险的关系，可以避免与矿工研究定量外推相关的较大不确定性。该类研究中，氡暴露量通常表示为个人在过去几十年中暴露于居室每立方米空气中的平均氡浓度，单位为贝可每立方米（Bq/m^3），其中 1 贝可相当于每秒一次衰变。通常，住宅的室内氡浓度会出现昼夜变化和季节变化，年平均浓度也逐年随机变化，通常与许多因素有关（例如天气和居住者习惯，如开、关窗）。

研究室内氡所致肺癌风险的最初尝试包括一系列地理相关性研究（又称为“生态学研究”），他们调查了不同地区平均氡浓度和平均肺癌发病率之间的相关性。但是，这种研究的实用性受到严重限制，由于不能充分控制其他肺癌风险的决定因素，例如吸烟。大多数人群中，吸烟比氡引起的肺癌更多。因此，生态学研究往往对氡相关的风险估计有偏倚和误导。关于可能发生的偏倚和示例见其他文献（Puskin 2003）。

一个更合适调查肺癌和住宅氡暴露关系的方法是病例—对照研究。在这个方法中，确定了预定数量的已患肺癌个体，以及预定数量的未患肺癌人群作为对照，对照组在其他方面可以代表所选择的肺癌患者人群。在这些研究中，对照组通常根据年龄和性别与病例相匹配，然后，需要获取研究中每个人的详细居住史、吸烟史和决定个人患肺癌风险的其他因素的详细信息。为了估计研究中个人在过去几十年中暴露的平均氡浓度，需要在现居住房屋和以前居住房屋测量氡浓度。这样可以比较肺癌患者和对照组之间的氡浓度。实际上，室内氡暴露量只能在有相似吸烟史和其他决定肺癌风险因素相似的个体之间比较。用已开发的特殊统计方法可以解释影响肺癌风险的其他因素的变化，并估算个体肺癌风险与过去几十年室内平均氡浓度的关系。

目前至少进行了 40 项室内氡和肺癌的病例—对照研究。个别研究规模太小，无法排除风险增加，也无法提供明确的证据表明氡暴露会导致肺癌风险增加。因此，为了将多项研究信息结合起来，许多研究人员将多项研究的发表结果进行联合研究（Lubin 和 Boice 1997，Lubin 1999，Pavia 等 2003）。通过已发表文章的系统综述得出结论，个别研究的结果表明，氡致肺癌风险在不同研究中有很大差异。不同研究的研究方法有很大差异，特别是在考虑不同人群中与吸烟相关的肺癌风险程度以及个人氡暴露史的量化方面。这种差异很可能导致不同研究之间的风险评估差异。如果不了解研究所涉个体的基础数据，就无法解决这些差异（Field 等 2002）。

为了正确比较氡与肺癌不同病例—对照研究的结果，充分考虑不同人群不同吸烟史有关的风险，需要收集每项原始研究中个体的氡浓度、吸烟史及其他相关因素的数据，并用统一的方式进行整理。完成后对不同研究进行平行分析，比较各个研究的结果。如果不同研究的数据一致，那么就可以合并，并根据所有纳入的研究得出氡致肺癌的风险估计。目前已开展了三项这样的分析研究，从多个研究中整理个人信息，包括一项欧洲研究（Darby 等 2005，2006），一项北美洲研究（Krewski 等 2005，2006）和一项中国的研究（Lubin 等 2004）。这三项分析都得出结论，通过相关研究合并估计居室氡致肺癌风险是合适的。这些联合研究的结果见表 2。

表 2　基于国际联合研究的室内氡致肺癌风险汇总

（结合大量病例—对照研究和氡暴露矿工的个体数据）

	研究数量	肺癌数量	对照数量	暴露窗口/（年）[a]	氡浓度增加 100 Bq/m^3 肺癌风险的增加百分比	
					根据测量到的氡浓度	根据长期平均氡浓度[b]
居室内氡联合研究						
欧洲（Darby 等 2005，2006）	13	7 148	14 208	5～35	8（3，16）	16（5，31）
北美（Krewski 等 2005，2006）	7	3 662	4 966	5～30	11（0，28）	—
中国（Lubin 等 2004）	2	1 050	1 995	5～30	13（1，36）	—
上述研究的加权均值					10	～20[c]
矿工氡研究[d,e]						
BEIR VI 分析（BEIR VI 1999; Lubin 等 1997）	11	2 787		5～35	全体矿工：5 ＜50 WLM 的的矿工：14 ＜50 WLM 和＜0.5 WL 的矿工：30	
德国铀矿工研究（Grosche 等 2006）	1	2 388		5～35	全体矿工：3 低暴露率矿工：18[f]	
法国和捷克铀矿工研究（Tomasek 等 2008）	2	574		5＋5～35	全体矿工（平均铀矿工暴露率 4.5 WLM/年）：32	

a 考虑肺癌病例诊断前 5～35 年期间的氡浓度，或对照组访问前的氡浓度。

b 调整了室内氡浓度年与年之间的随机变化。

c 非正式估计，表明排除氡浓度随机年度变化偏差的影响。

d 每个 WLM 的风险已转化为每 100 Bq/m^3 的风险，假设平衡状态下 1 Bq/m^3＝0.00027 WL，住房中的平衡因子为 0.40，研究对象 70% 的时间在家中，相当于 1 年 $365.25\times24/170=51.6$ WLM，居室氡暴露量所致肺部剂量与矿工相同氡暴露的肺部剂量之比（有时称为 k 因子）为 1。

e 只有一项研究特别提出了测量误差对评估矿工氡致肺癌风险的影响（Stram 等，1999 年）。由此得出结论，对于暴露在氡浓度＜15 WL 的矿工来说测量误差影响不大。

f 非正式估计数，将德国队列中所有矿工的估计数乘以 6 得出，即在 BEIR VI 分析中所有矿工与暴露＜50 WLM 和＜0.5 WL 的矿工估计数的比值。

欧洲联合研究

欧洲联合研究（Darby 等 2005，2006）包括 13 个满足纳入标准的欧洲居室氡和肺癌研究。纳入标准要求研究必须具有一定的规模（至少有 150 名肺癌病例和来自同一人群的 150 名非肺癌对照），每个人都有详细的吸烟史。氡暴露方面，需要测量研究对象过去居住 15 年及以上的房屋中的氡浓度。总体上，超过 7 000 例肺癌病例和超过 14 000 例对照被纳入到联合研究中。这项研究考虑了在肺癌诊断之前 5～30 年期间，或对照组访问之前的氡暴露对肺癌风险的影响。氡浓度测量平均覆盖时间为 23 年，并在必要时根据季节变化进行修正，以代表房屋一年的平均氡浓度。针对没有测量的房屋（例如该住宅已被拆除），氡浓度用该研究对照组人群所居住房屋的氡浓度平均值估计。为了获得每个研究对象的氡浓度暴露，计算过去 5～34 年所有住宅的氡浓度加权平均值，权重与每个住宅的居住时间成正比。

仔细考虑了个体不同吸烟史所致的肺癌风险差异后，发现欧洲的研究氡浓度每增加一个单位，增加的肺癌风险变化与随机变化之间差异并不大。因此，对数据进行合并处理是合适的。当合并处理后，氡和肺癌之间出现了明显的正相关。氡浓度每增加 100 Bq/m^3，肺癌风险增加 8%（95% 置信区间为 3%～16%）。室内氡浓度每增加一个单位，肺癌发病率增加百分比并没有随着个体的年龄或性别的变化而超出预期随机变化，也没有随着个人的吸烟史的变化而超出预期随机变化（见表3）。

表3　欧洲和北美联合研究中室内氡浓度每增加100 Bq/m³所致的肺癌风险

欧洲联合研究[a]		北美洲联合研究[b]	
	%增加风险（95% CI）		%增加风险（95% CI）
性别		性别	
男	11（4，21）	男	3（–4，24）
女	3（–4，14）	女	19（2，46）
异质性p值	*0.19*		
发病年龄/岁		发病年龄/岁	
<55	<0（<0，20）	<60	2（<0，35）
55～64	14（3，31）	60～64	80（13，257）
65+	7（1，16）	65～69	2（–5，28）
		70～74	33（1，102）
		75+	–2（–10，30）
趋势性P值	*0.98*		
吸烟情况		吸烟情况	
现在吸烟者	7（–1，22）	终身不吸烟者	10（–9，42）
以前吸烟者	8（0，21）		
终身不吸烟者	11（0，28）	现在或以前吸烟	10（–2，33）
其他	8（–3，56）		
异质性P值	*0.92*		
总体			
根据测量到的氡浓度	8（3，16）	根据测量到的氡浓度	11（0，28）

来源：[a]Darby等（2005，2006），[b]Krewski等（2005，2006）。

CI＝置信区间，$p<0.05$表示有统计学意义。

欧洲联合研究中，暴露—效应关系似乎近似线性，没有低于某一阈值就不存在风险的证据。特别是，结果不符合高于 150 Bq/m^3 的阈值（即 150 Bq/m^3 是任何阈值的 95% 置信上限）。此外，研究人员发现即使分析仅限于氡浓度测量值＜200 Bq/m^3 的个体，氡浓度与肺癌之间存在有统计学意义的显著关联。与氡浓度测量值＜100 Bq/m^3（平均值：52 Bq/m^3）的个体相比，氡浓度测量值为 100～199 Bq/m^3（平均值：136 Bq/m^3）的个体患肺癌的风险要高 20%（95% 置信区间为 3%～30%）。

如上所述，房屋的年平均氡浓度每年都有很大的随机变化，例如取决于天气的变化（Zhang 等 2007）。因此，如果从病例—对照研究中仅根据测量得到的氡浓度来估计肺癌的风险，而不考虑年度变化，那么风险很可能被低估。因此，在欧洲联合研究中用“长期平均氡浓度”（即考虑到氡浓度测量每年的随机变化）进行重新分析。根据长期平均氡浓度，暴露在每 100 Bq/m^3 氡浓度的估计最终风险系数为 16%（95% 的置信区间为 5%～31%）。再次表明，在这种比例线性关系中，随个人年龄、性别或吸烟状况的变化，肺癌的风险的变化并没有显著超出预期随机变化，剂量—效应关系近似呈线性关系，如图 1 所示。

北美洲联合研究

北美洲联合研究（Krewski 等 2005，2006）涉及美国和加拿大的 7 个研究，包括 3 662 个病例和 4 966 个对照。研究方法与欧

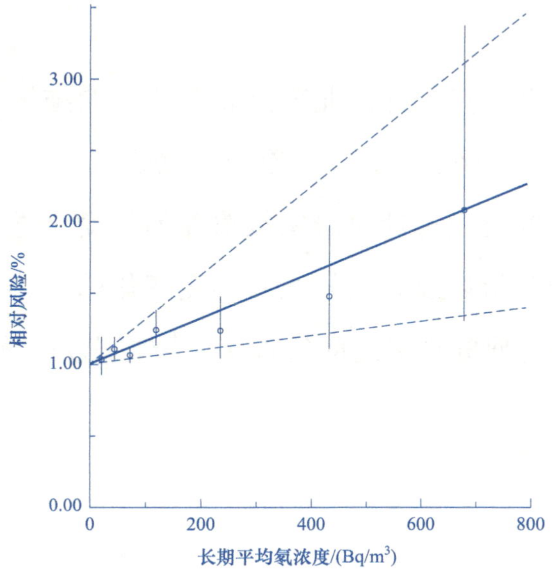

图 1　欧洲联合研究的肺癌相对风险与长期平均居室氡浓度关系

来源：Darby 等 2005，

显示了相对风险和 95% 的置信区间，符合线性。风险是相对于 0 Bq/m^3。

洲的研究方法相似。同欧洲的研究一样，整理单一研究对象的数据后，发现单一研究中氡相关的风险一致。将所有 7 个研究的数据合并后，氡浓度每增加 100 Bq/m^3，肺癌风险增加 11%（95% 的置信区间为 0%～28%）。当分析仅限于氡暴露准确度更高的数据时，评估的肺癌风险增加。例如，针对访问之前 5～30 年期间只住过一套或两套房屋并接受了至少 20 年剂量测量的个人，研究人员发现，氡浓度每增加 100 Bq/m^3 所增加的肺癌风险为 18%（95% 置信区间 2%～43%）。房屋氡浓度每增加一个单位，肺癌发病率增加的百分比并没有随着个人的年龄或性别的变化而超出预期随机变化，也没有随着吸烟史的变化而超出预期随机变化（见

表 3)。

与欧洲联合研究一样，北美洲联合研究的结果与线性无阈的剂量—效应关系一致。但是，与欧洲的联合研究不同，迄今为止，北美洲联合研究还没有针对居室氡浓度的年变化进行正式调整。随着进一步的分析以及室内氡浓度年度变化的估计，北美洲联合研究和欧洲联合研究结果之间的直接比较将成为可能。

中国联合研究

Lubin 等（2004）分析了中国甘肃和沈阳两个地区的 1 050 例病例和 1 996 例对照。针对合并的数据，氡浓度每增加 100 Bq/m^3，肺癌风险增加 13%（95% 的置信区间为 1%～36%）。尽管这两个组成研究的结果基本一致，这一结果主要是来自规模较大的甘肃研究的数据。与欧洲和北美的联合研究一样，结果与线性无阈的剂量—效应关系一致。

居室氡所致肺癌风险的总体证据

三项联合研究居室氡暴露导致肺癌的风险情况非常相似（见表 2)。有确凿证据表明，普通家庭中发现的氡浓度是导致普通人群患肺癌的一个原因。三项联合研究均表明，氡浓度每增加一个单位所增加的肺癌风险没有随年龄、性别或吸烟习惯的变化而超出预期随机变化。此外，剂量—效应关系近似线性，没有存在阈值的证据。有确凿证据表明，即使氡浓度低于目前许多国家都推荐的行动水平 200 Bq/m^3，肺癌风险也会增加。

三项联合研究显示，氡浓度每增加 100 Bq/m^3 所增加的肺癌风险分别为 8%（95% 置信区间为 3%～16%）、11%（0%～28%）和 13%（1%～36%）（见表 2）。由于这三个估计值在统计学上具有可比性，可以计算加权平均值，权重与该值的方差成比例。将三项联合研究合并进行估计，根据测量到的氡浓度，每 100 Bq/m^3 氡浓度的肺癌风险估计为 10%。

如上所述，由于住宅中氡浓度随年度随机变化，根据实测氡浓度的风险估计可能会低估住宅氡的真实风险。迄今为止，只有欧洲的联合研究以长期平均氡浓度而不是测量氡浓度对居室氡的风险进行了详细分析。这项研究中，基于长期平均浓度的风险估计是基于实测氡浓度的两倍。中国同一地区不同年份重复氡测量数据显示与欧洲研究相似的年度变化。美国的数据也表明氡浓度每年有相当大的变化（Zhang 等 2007）。假设三项联合研究的年度变化修正与欧洲研究相同，那么根据长期平均氡浓度，三项联合研究合并每 100 Bq/m^3 氡浓度的肺癌风险估计约为 20%（见表 2）。

氡暴露错误估计的原因包括：探测器测量误差、居室内氡的空间变化、先前居住房屋的数据缺失、不能将氡浓度与调查对象的移动性联系起来、用氡浓度测量代替氡子体（Field 等 2002）。通常很难评估这些潜在的氡暴露测量误差的影响。如果在病例和对照组之间错误估计没有系统性差异，观察到的结果可能是无偏差的（即真正的影响被低估）。事实上，改进的基于经验的回顾性氡暴露评估模型更有可能发现居室氡暴露与肺癌之间的关系（Field 等 2002）。

许多其他因素尚未纳入大多数室内氡研究的正式分析中。尤其在吸烟分类方面经常出现错误。在一些国家，由于节能水平的提高和空调的使用，氡浓度可能在过去几十年中发生了系统性变化。如上所述，这些因素的综合影响是即使调整了氡浓度的年度随机变化，真正的氡影响仍略高于居室氡研究估计的风险。

直接比较室内氡研究的肺癌风险和氡暴露矿工研究的肺癌风险非常复杂，这是由于矿工研究中普遍较高的氡暴露量和逆向暴露率影响（见表 1）。矿工研究的总体风险估计略低于居室氡研究。例如，对于 BEIR VI 委员会分析中包含的所有矿工，估计风险每 100 Bq/m^3 约为 5%，略低于德国大型矿工研究的估计值。BEIR VI 委员会的研究进行了一项补充分析，仅限于氡累积暴露量低于 50 WLM 的矿工（相当于居住在氡浓度约为 400 Bq/m^3 的房屋中 30 年可能接受的暴露量）（Lubin 等 1997），分析表明氡浓度增加 100 Bq/m^3 肺癌风险增加 14%。此外，对于氡累积暴露量＜50 WLM 且暴露水平＜0.5 WL（即＜2 000 Bq/m^3）的矿工，氡浓度每增加 100 Bq/m^3 肺癌风险增加 30%。同样，仅分析暴露率低、暴露持续时间为 5～34 年和暴露评估准确度相对较高的法国和捷克队列，发现氡浓度每增加 100 Bq/m^3 肺癌风险增加约 32%（Tomasek 等 2008），如表 2 所示。

总之，根据室内氡研究的氡风险估计与地下矿工在低氡浓度累积暴露量相对较低环境下的风险估计一致性较好。

1.3 氡致肺癌以外的其他疾病

当一个人在含有氡及其子体的空气中度过一段时间时，支气管是身体接受电离辐射剂量最高的部分，尽管上呼吸道和皮肤也受到一定剂量。此外，其他器官，包括肾脏和骨髓，可能受到低剂量辐射（Kendall 等 2002）。如果人饮用了溶解了氡的水，胃也会受到辐射。

同样，在矿工氡暴露研究中也探索了氡致肺癌以外的癌症死亡率增加证据，包括BEIR VI委员会分析的矿工氡暴露研究（Darby 等 1995），尚无足够的证据表明氡会引起肺癌以外的癌症。然而，例如，最近一项评估捷克矿工白血病、淋巴瘤和多发性骨髓瘤的病例—对照研究（Rericha 等 2007），发现氡暴露与白血病（包括 B 细胞慢性淋巴性白血病）之间存在正相关。尽管氡暴露与心血管疾病的关系已经在一些氡暴露矿工队列中进行了研究，但未发现氡引起心脏病的证据（Villeneuve 等 1997，2007，Xuan 等 1993，Tomasek 等 1994，Kreuzer 等 2006）。在饮用水中含有高浓度天然铀和其他放射性核素的地区开展的胃癌病例—对照研究显示，未发现胃癌风险增加的迹象（Auvinen 等 2005）。

针对一般人群中儿童或成人氡暴露与白血病的关系进行了大约 20 项生态学研究。包括最近 Smith 等（2007）利用先进方法发现了室内氡浓度与地区白血病风险之间的关联（包括 Smith

等研究中的慢性淋巴细胞白血病）（Laurier 等 2001）。挪威的一项生态学研究表明，多发性硬化症与室内氡浓度之间存在关联（Bolviken 2003）。总体来说，尽管已经进行了几项此类研究（Laurier 等 2001，Möner 等 2006），这些关联尚未在氡暴露的矿工队列研究和一般人群的高质量病例—对照研究中得到证实。与氡暴露和肺癌的研究一样，生态学研究容易出现偏倚。因此，生态学研究很容易给出误导的答案，不应作为氡是导致这些疾病原因的证据。

1.4 室内氡所致肺癌负担

从上述证据来看，显然，氡暴露是导致一般人群中肺癌的一个原因。在任何特定国家，每年由氡导致肺癌的比例主要取决于该国室内氡浓度。经济合作与发展组织（OECD）30 个成员国中大多数国家为了测量居室氡浓度分布而进行了氡浓度调查。全世界室内氡平均浓度估计为 39 Bq/m^3（见表 4）。

表 4　OECD 国家室内氡水平

国家	室内氡水平/（Bq/m^3）		
	算术均值	几何均值	几何标准差
澳大利亚	11	8	2.1
奥地利	99	15	N/A
比利时	48	38	2
加拿大	28	11	3.9

续表

国家	室内氡水平/（Bq/m³）		
	算术均值	几何均值	几何标准差
捷克共和国	140	44	2.1
丹麦	59	39	2.2
芬兰	120	84	2.1
法国	89	53	2.0
德国	49	37	2.0
希腊	55	44	2.4
匈牙利	82	62	2.1
冰岛	10	N/A	N/A
爱尔兰	89	57	2.4
意大利	70	52	2.1
日本	16	13	1.8
卢森堡	110	70	2
墨西哥	140	90	N/A
荷兰	23	18	1.6
新西兰	22	20	N/A
挪威	89	40	N/A
波兰	49	31	2.3
葡萄牙	62	45	2.2
韩国	53	43	1.8
斯洛伐克	87	N/A	N/A
西班牙	90	46	2.9
瑞典	108	56	N/A
瑞士	78	51	1.8

续表

国家	算术均值	几何均值	几何标准差
英国	20	14	3.2
美国	46	25	3.1
世界平均	39		

来源：WHO（2007），UNSCEAR（2000），Billon 等（2005）和 Menzler 等（2008）。

许多国家估算了氡暴露导致肺癌的数量。这些计算基于这些地区室内氡浓度调查的数据以及 BEIR VI 委员会矿工研究分析的间接风险估计值，或者欧洲联合研究分析的直接风险估计（见表 5）。

表 5　某些国家氡导致的肺癌比例估计

国家	平均室内氡浓度/（Bq/m^3）	风险估算	氡致肺癌比例/%	每年因氡引起的肺癌死亡人数
加拿大（Brand 等 2005）	28	BEIR VI	7.8	1 400
德国（Menzler 等 2008）	49	欧洲联合研究[a]	5	1 896
瑞士（Menzler 等 2008）	78	欧洲联合研究[a]	8.3	231
英国（AGIR 2009）	21	欧洲联合研究[a] BEIR VI	3.3 6	1 089 2 005
法国（Catelinois 等 2006）	89	欧洲联合研究[a] BEIR VI	5 12	1 234 2 913
美国（BEIR VI，1999）	46	BEIR VI	10～14	15 400～21 800

a 经调整年度变化后的氡浓度。

在大多数人群中，现在吸烟者的肺癌发病率远远高于终身不吸烟者。室内氡研究中，室内氡浓度每增加一个单位，终身不吸烟者与吸烟者肺癌风险的增加比例相似（见表 3）。此外，在有吸烟信息的矿工研究中，室内氡浓度每增加一个单位，肺癌风险就会呈比例增加。因此，大多数氡导致的肺癌由氡和吸烟共同引起，也就是说，如果个体没有吸烟或没有氡暴露，就不会发生肺癌。

在个体层面，一定氡浓度的暴露条件下，现在吸烟者氡诱发肺癌的风险远远高于终生不吸烟者。这已在欧洲室内氡联合研究中表明（Darby 等 2005）。据估计，终身不吸烟者居住在室内氡浓度为 0 Bq/cm^3、100 Bq/cm^3 或 800 Bq/m^3 的房屋中，75 岁患肺癌死亡的风险分别为 4‰、5‰和 10‰。但是，对一个吸烟者而言，风险会大得多，分别为 100‰、120‰和 220‰。对于戒烟者来说，氡带来的风险远低于继续吸烟的人，但是仍然远高于不吸烟者的风险。

参考文献

Advisory Group on Ionising Radiation AGIR (2009). Radon and public health.radiation, Chemicals and environmental hazards. *Health Protection Authority*.
(http://www.hpa.org.uk/web/HPAwebFile/HPAweb_C/1243838496865).

Archer VE et al. (2004). Latency and the lung cancer epidemic among

United States uranium miners. *Health Phys*, 87: 480-489.

Auvinen A et al. (2005). Radon and other natural radionuclides in drinking water and risks of stomach cancer: a case-cohort study in Finland. *Int J Cancer*, 10: 109-113.

Biological Effects of Ionizing Radiation IV Report (1988). *Health risks of radon and other internally deposited Alpha-emitters*. BEIR, National Academy Press, Washington D.C.

Biological Effects of Ionizing Radiation VI Report (1999). *Health effects of exposure to indoor radon*. BEIR, National Academy Press, Washington D.C.

Billon S et al. (2005). French population exposure to radon, terrestrial gamma and cosmic rays. *Radiat Prot Dosimetry*, 113: 314-320.

Bolviken B et al. (2003). Radon: a possible risk factor in multiple sclerosis. *Neuroepidemiology*, 22: 87-94.

Brand K, Zielinski J, Krewski D (2005). Residential radon in Canada: an uncertainty analysis of population and individual lung cancer risk. *Risk Anal*, 25: 253-269.

Brueske-Hohlfeld I et al. (2006). Lung cancer risk among former uranium miners of the Wismut company in Germany. *Health Phys*, 90: 208-216.

Catelinois O et al. (2006). Lung cancer attributable to indoor radon exposure in France: impact of the risk models and uncertainty analysis. *Environ Health Perspect*, 114 (9): 1361-1366.

Darby S et al. (1995). Radon and cancers other than lung cancer in underground miners: a collaborative analysis of 11 studies. *J Natl Cancer Inst*, 87: 378-384.

Darby S et al. (2005). Radon in homes and risk of lung cancer: collaborative analysis of individual data from 13 European case-control studies. *BMJ*, 330 (7485): 223-227.

Darby S et al. (2006). Residential radon and lung cancer: detailed results of a collaborative analysis of individual data on 7148 subjects with lung cancer and 14208 subjects without lung cancer from 13 epidemiologic studies in Europe.*Scand J Work Environ Health*, 32 Suppl1: 1-83.

Duport P (2002). Is the radon risk overestimated? Neglected doses in the estimation of the risk of lung cancer in uranium underground miners. *Radiat Prot Dosimetry*, 98 (3): 329-338.

Field RW et al. (2002). Residential radon exposure and lung cancer: variation in risk estimates using alternative exposure scenarios. *J Expo Anal Environ Epidemiol*, 12 (3): 197-203.

Grosche B et al. (2006). Lung cancer risk among German male uranium miners: a cohort study, 1946-1998. *Br J Cancer*, 95 (9): 1280-1287.

Hauptmann M et al. (2001). Using splines to analyse latency in the Colorado Plateau uranium miners cohort. J *Epidemiol Biostat*, 6 (6): 417-424.

Hazelton WD et al. (2001). Analysis of a historical cohort of Chinese tin miners with arsenic, radon, cigarette smoke, and pipe smoke exposures using the biologically based two-stage clonal expansion model. *Radiat Res*, 156 (1): 78-94.

Heidenreich WF et al. (2004). Studies of radon-exposed miner cohorts using a biologically based model: comparison of current Czech and French data with historic data from China and Colorado. *Radiat Environ Biophys*, 43 (4): 247-256.

Hornung RW (2001). Health effects in underground uranium miners. *Occup Med*, 169 (2): 331-344.

International Agency for Research on Cancer (1988). *Man-made mineral fibres and radon*. IARC Monographs on the evaluation of carcinogenic risks to humans, Vol. 43, IARC, Lyon.

Kendall GM, Smith TJ (2002). Doses to organs and tissues from radon and its decay products. *J Radiol Prot*, 22 (4): 389-406.

Kreuzer M et al. (2002). Characteristics of the German uranium miners cohort study. *Health Phys*, 83: 26-34.

Kreuzer M et al. (2006). Mortality from cardiovascular diseases in the German uranium miners cohort study, 1946-1998. *Radiat Environ Biophys,* 45: 159-166.

Krewski D et al. (2005). Residential radon and risk of lung cancer: a combined analysis of 7 North American case-control studies. *Epidemiology*, 16: 137-145.

Krewski D et al. (2006). A combined analysis of North American case-control studies of residential radon and lung cancer. *J Toxicol Environ Health* A, 69: 533-597.

Langholz B et al. (1999). Latency analysis in epidemiologic studies of occupational exposures: application to the Colorado Plateau uranium miners cohort. *Am J Ind Med*, 35: 246-256.

Laurier D, Valenty M, Tirmarche M (2001). Radon exposure and the risk of leukemia: A review of epidemiological studies. *Health Phys*, 81: 272-288.

Laurier D et al. (2004). An update of cancer mortality among the French cohort of uranium miners: extended follow-up and new source of data for causes of death. *Eur J Epidemiol*, 19: 139-146.

Lubin JH (1999). *Indoor radon and the risk of lung cancer*. Proceedings of the American Statistical Association Conference on Radiation and Health Radiation Research, 151: 105-107.

Lubin JH, Boice JD Jr (1997). Lung cancer risk from residential radon: meta-analysis of eight epidemiologic studies. *J Natl Cancer Inst*, 89: 49-57.

Lubin JH et al. (1997). Estimating lung cancer mortality from residential radon using data for low exposures of miners. *Radiat Res*, 147: 126-134.

Lubin JH et al. (2004). Risk of lung cancer and residential radon in China: pooled results of two studies. *Int J Cancer*, 109: 132-137.

Lubin JH et al. (2005). Adjusting lung cancer risks for temporal and spatial Variations in radon concentration in dwellings in Gansu Province, China. *Radiat Res*, 163: 571-579.

Menzler S et al. (2008). Population attributable fraction for lung cancer due to residential radon in Switzerland and Germany. *Health Phys*, 95: 179-189.

Mohner M et al. (2006). Leukemia and exposure to ionizing radiation among German uranium miners. *Am J Ind Med*, 49 (4): 238-248.

National Research Council (1991). *Comparative dosimetry of radon in mines and homes, board on radiation effects research, Commission on Life Sciences, Panel on Dosimetric Assumptions Affecting the Applications of Radon Risk Estimates*. National Academy Press, Washington D.C.

Pavia M et al. (2003). Meta-analysis of residential exposure to radon gas and lung cancer. *Bull World Health Organ*, 81: 732-738.

Puskin JS (2003). Smoking as a confounder in ecologic correlations of cancer mortality rates with average county radon levels. *Health Phys*, 84: 526-532.

Rericha V et al. (2006). Incidence of leukemia, lymphoma, and multiple myeloma in Czech uranium miners: a case-cohort study. *Environ Health Perspect*, 114 (6): 818-822.

Rogel A et al. (2002). Lung cancer risk in the French cohort of uranium miners. J *Radiol Prot*, 22: A101-106.

Skowronek J, Zemla B (2003). Epidemiology of lung and larynx cancers in coal mines in Upper Silesia--preliminary results. *Health Phys*, 85: 365-370.

Smith BJ, Zhang L, Field RW (2007). Iowa radon leukemia study: A hierarchical population risk model, *Stat Med*, 10: 26 (25): 4619-4642.

Stram DO et al. (1999). Correcting for exposure measurement error in a reanalysis of lung cancer mortality for the Colorado Plateau Uranium Miners cohort. *Health Phys*, 77: 265-275.

Tomasek L et al. (1994). Mortality in uranium miners in west Bohemia: a long term cohort study. *Occup Environ Med*, 51: 308-315.

Tomasek L, Zarska H (2004). Lung cancer risk among Czech tin and uranium minerscomparison of lifetime detriment. *Neoplasma*, 51: 255-260. Tomasek L (2002). Czech miner studies of lung cancer risk from radon. *J Radiol Prot*, 22: A107-112.

Tomasek L et al. (2008). Lung cancer in French and Czech uranium miners: radonassociated risk at low exposure rates and modifying effects of time since exposure and age at exposure. *Radiat Res*, 169 (2): 125-137.

United Nations Scientific Committee on the Effects of Atomic Radiation (2000). *Sources and Effects of Ionizing Radiation*. UNSCEAR 2000 Report to the General Assembly, with Scientific

Annexes. UNSCEAR, United Nations, New York.

Veiga LH et al. (2004). High radon exposure in a Brazilian underground coal mine. *J Radiol Prot*, 24: 295-305.

Villeneuve PJ, Morrison HJ (1997). Coronary heart disease mortality among Newfoundland fluorspar miners. *Scand J Work Environ Health* 23: 221-226.

Villeneuve PJ, Morrison HJ (2007). Coronary heart disease mortality and radon exposure in the Newfoundland fluorspar miners' cohort, 1950-2001. *Radiat Environ Biophys*, 46 (3): 291-296.

Xuan XZ et al. (1993). A cohort study in southern China of tin miners exposed to radon and radon decay products. *Health Phys*, 64: 123-131.

World Health Organization (2007). *International Radon Project Survey on Radon Guidelines, Programmes and Activities*. WHO, Geneva.

Zhang Z et al. (2007). Variation in yearly residential radon concentrations in the Upper Midwest. *Health Phys*, 93 (4): 288-297.

2. 氡测量

关键信息

■ 居室氡测量较容易进行，但需要基于标准的（例如国家制定）方法，以确保测量的准确性和一致性。

■ 长期累积氡测量是评估房屋或住宅中年平均氡浓度的首选方法。

■ 由于室内氡浓度随时间变化大，大多数情况下，短期测量不可靠。

■ 应谨慎选择探测器的类型，由于它将影响到每个住宅的测量成本，从而影响国家氡计划的成本。

■ 强烈建议采取质量保证和质量控制措施，以确保氡测量的可靠性。

本章提供了一个框架，用于选择氡及其衰变产物测量设备，并制定程序和政策以确保空气和水中氡气测量的可靠性。本章还提供了各种情况的氡气测量指南，包括从单个房屋的单独检测到建筑材料氡析出的诊断评估测量方案；这些指南可用于指导国家氡测量，或为国家制定新指南提供基础。此外，本章介绍了质量保证和质量控制指南。关于氡测量装置及详细测量指南主要来源于 OECD（1985）、NCRP（1988）、SSK（2002）和美国 EPA（1992，1993，1997）出版物。

虽然氡（^{222}Rn）的大部分辐射剂量来自氡衰变产物，主要是钋（^{218}Po 和 ^{214}Po），但是，氡气浓度通常被认为是氡衰变产物浓度的良好替代。另外，由于氡气测量相对简单，而且成本—效益高，所以，通常选择氡气测量，而不是衰变产物测量。氡气测量通常分为短期测量和长期测量（Quindos 等 1991）。通过活性炭盒或驻极体等其他类型的探测器对氡气进行短期测量，可为居室长期平均氡浓度提供参考。但是，进行短期测量时，应考虑氡气的昼夜变化和季节变化。由于高氡浓度通常发生在房屋封闭（即窗户关闭）期间，在这一期间或季节进行短期测量可能会高估年平均氡浓度；住宅通风期间（例如开窗户）进行短期测量，则可能大大低估年平均氡浓度。因此，首选长期累积氡测量设备评估居室内的年平均氡浓度。应该注意，即使在同一个房屋中，氡浓度每年也会有所不同（Zhang 等 2007）。此外，有必要测量氡衰变产物以改进对个体氡累积个人剂量的估计。表 6 中给出了氡气测量装置及其特性。

表 6　氡气测量装置及其特性

探测器类型（缩写）	被动/主动	典型不确定度 a/%	典型采样周期	成本
α 径迹探测器（ATD）	被动	10～25	1～12 月	低
活性炭探测器（ACD）	被动	10～30	2～7 天	低
驻极体电离室（EIC）	被动	8～15	5 天～1 年	中
静电收集装置（EID）	主动	～25	2 天～数年	中
连续氡测量仪（CRM）	主动	～10	1 小时～数年	高

a 表示最佳暴露时间和暴露浓度～200 Bq/m^3 的不确定度。

世界卫生组织国际氡项目调查国家中（WHO 2007），常用的氡气测量装置是 α 径迹探测器（ATD）、驻极体电离室（EIC）和活性炭探测器（ACD）。许多国家使用主动装置，包括静电收集装置（EID）和连续氡测量仪（CRM）。被动装置在采样环境中工作不需要电源或泵，而主动装置则需要电源并可以反映测量期间的氡浓度变化。在家庭中，一般选择 ATD 进行长期氡测量，通常测量一年时间；EIC 通常用于短期（例如数天）至中期（例如数周至数月）测量。EIC 还可以利用探测器的开关特性，测量一段时间内（例如 8 h 在家时间）累积氡浓度。随着价格的下降，CRM 的应用越来越普遍，可以自动提供简短的实时信息。

表 7 提供了各种测量情况选择测量方法和探测器的一般指南。表中没有推荐抓取采样，也未被列为氡气测量与评估常用检测方法（WHO 2007）。抓取采样用各种装置，如闪烁室采集空气样品，采样时间短至几分钟，然后带到实验室进行分析。该类型的测量无法记录氡或氡衰变产物浓度随时间的波动。由于不推荐抓取采

样评估氡暴露或决定是否需要采取行动，因此抓取采样没有包括在指南中。有关测量装置的其他资料详见 George（1996）以及 OECD（1985）、NCRP（1988）、SSK（2002）和美国 EPA（1992，1993）的报告。

表 7　居室氡测量的主要方法和装置

方法	测量类型	装置
氡初步测量	短期采样	CRM、EIC、ACD
暴露评估	累积法	ATD、EIC、CRM、EID
补救测量	连续监测	CRM

2.1　测量设备

本节概述了氡及其衰变产物的主要测量装置，反映了一些已制定氡计划国家的现状。

2.1.1　氡气探测器

a. α 径迹探测器（ATD）

ATD 是一小块特殊生产的塑料，装在带有滤膜的扩散室内，滤膜可以阻止氡衰变产物的进入，如图 2 所示。塑料通常为聚丙烯二乙二醇碳酸酯（PADC 或 CR-39）、硝酸纤维素（LR-115）、聚碳酸酯（Makrofol）。当氡或其衰变产物在探测材料附近产生 α 粒子时，α 粒子撞击到探测材料上，产生微观损伤区域，称为潜径迹。

探测器材料经过化学或电化学蚀刻后，可以放大 α 径迹的尺寸，通过光学显微镜观察，用人工或自动计数装置进行计数。单位面积上的径迹数减去本底计数后与累积氡浓度成正比，单位为 Bq/m^3h。通过在刻度装置的可控照射量获得刻度系数，将径迹密度转化为氡浓度。α 径迹探测器的布放时间一般为 1 个月至 1 年。α 径迹探测器对湿度、温度、本底 β 和 γ 辐射不敏感，但是在极高海拔（例如 2 000 m 以上）进行测量可能需要校正，由于空气密度的差异会影响 α 粒子射程（Vasudevan 等 1994）。通过采用对进入气体有高扩散阻力的扩散室，可以避免钍射气的交叉干扰。根据文献（Currie 1968、Alshuler 和 Pasternack 1963、Strom 和 MacLellan 2001）计算，ATD 暴露 1 个月的最低可检测浓度（MDC）为 30 Bq/m^3。根据 Durrani 和 Ilic（1997）及 Field 等（1998）的文献，可以获得更低的 MDC。

图 2　氡探测器的例子

b. 活性炭吸附探测器（ACD）

ACD 是一种被动装置，用于 1～7 天的室内氡测量。测量原理为氡在活性炭表面吸附，采样后，密封探测器，放置 3 h 后使氡衰变产物与收集到的氡达到平衡。然后，可以直接对采样盒进行 γ 计数或者用液体闪烁计数分析。γ 计数法采用装有 25～90 g 活性炭的盒或袋。α 计数法使用含有 2～3 g 活性炭的 20 mL 液体的闪烁瓶。打开活性炭盒暴露活性炭，或者安装扩散垒将测量时间延长到 7 天。由于 ACD 装置的响应受到湿度的影响，必须在不同的湿度水平下进行刻度。还应该根据测量现场的暴露时间和温度范围内进行刻度。如果不同类型的活性炭混合，刻度系数会改变。由于活性炭可以连续吸附和解析氡，如果氡浓度变化很小，该方法可以大致估计暴露时间内的平均氡浓度。扩散垒的利用可以减少气流和高湿度的影响。由于氡的半衰期为 3.8 天，探测器必须在暴露期结束后尽快进行分析。例如，一些实验室要求在 8 天内将探测器送回实验室。按照 Altshuler 和 Pasternack（1963）的方法计算，ACD 暴露 2～7 天，MDC 一般可以达到 20 Bq/m^3，具体由 George（1984）和美国 EPA（1987）给出。

c. 驻极体电离室（EIC）

EIC 是用于测定测量期间内平均氡浓度的一种累积被动测量装置。驻极体既充当电场的来源，又充当电离室的传感器。通过过滤入口氡气而非衰变产物被动扩散进入腔室内，氡衰变释放出的带电粒子及腔室内产生的衰变产物使腔室内空气电离，阴离子被位于腔体底部的阳极驻极体收集。用驻极体在已知时间内的放电量衡量该时间内电离量，电离量又与氡浓度有关。用电池供电的驻极体读数器测量驻极体的放电量，用伏特表示。用该值与测量周期和刻度因子计算氡浓度。标准短期 EIC 用于测量氡浓度为 150 Bq/m^{3}时，通常需要2～15天；长期EIC测量氡浓度为150 Bq/m^{3}时，需要 3～12 个月。有关 EIC 详见文献（Kotrappa 等 1990）。这些装置已在不同国家应用，如果按照标准程序操作（测量 γ 本底，驻极体避免灰尘等），准确度与精密度都很好（Sun 等 2006）。

d. 静电收集装置（EID）

大多数 EID 利用扩散室内的硅半导体探测器对氡衰变产物发出的 α 粒子计数。由于扩散室的体积很小，在中等氡浓度下，通常需要较长时间采样，至少＞2 天才能获得统计学上稳定的读数。通过施加高压在静电作用下收集探测器表面带电荷的氡衰变产物，可达到较高的灵敏度。空气湿度高会影响测量。EID 的典型测量时间 7 天，MDC 为 20 Bq/m^3。对于一些普遍应用的 EID，缺乏对这些探测器进行常规校准的能力。

e. 连续氡测量仪（CRM）

商用 CRM 使用多种不同类型的探测器，包括闪烁室、电流或脉冲电离室，以及半导体硅探测器。CRM 用小型泵收集空气，或者让空气扩散进入传感器室内进行分析。所有 CRM 都有输出和保存结果的电子学部分，大多数还可以记录不同时间的结果，还可以计算一定时段的累积氡浓度。不同类型的探测器有不同的优点。例如，半导体硅探测器 α 能谱仪可以区分氡气和钍射气（Tokonami 等 1996，Iimoto 等 1998a）。一些设备通过干燥剂干燥进入的气体来消除湿度敏感性的干扰。一般用标准方法计算，这类设备的 MDC 大约为 5 Bq/m^3。CRM 需要常规的校准以保证正常运行和结果可靠。图 3 为一台电子氡测量装置。

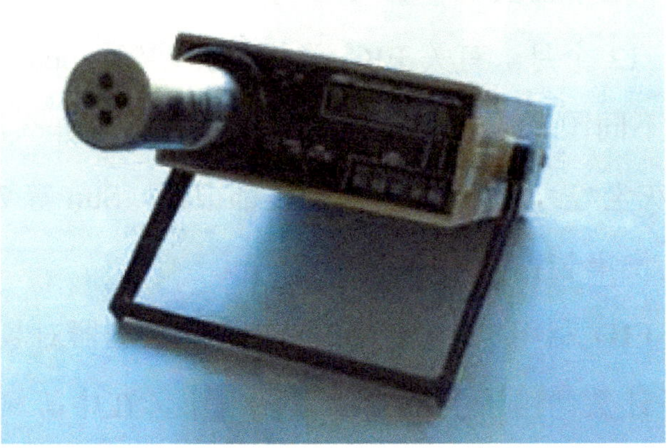

图 3　电子氡测量装置

2.1.2　特种气体和氡衰变产物探测器

a. 钍射气测量装置

在某些住宅里发现钍射气（^{220}Rn）浓度很高，占总 α 潜能浓度（PAEC）的 50%以上（Shang 等 2005）。一般来说，钍射气来源于建筑物的墙壁，由于其半衰期短，从墙壁到房屋中心钍射气浓度逐渐减少。为了尽量减小钍射气引起的测量误差，将探测器放置在离墙壁至少 20 cm 的位置。为了分别测量氡气和钍射气的浓度，或评估钍射气对氡测量的影响，可以进行钍射气测定。

有几种测量钍射气的方法。采用双 α 径迹探测器（DTD），可以分别测量氡气和钍射气。这种方法利用氡气和钍射气不同的半衰期和两个 ATD 扩散室来分辨两种同位素。一个高扩散阻力的扩散室只测量氡，另一个低扩散阻力的扩散室同时测量氡气和钍射气。如果已知 ATD 对氡气和钍射气的灵敏度，可以计算钍射气浓度。由于钍射气值由两个读数之间的差来计算，因此，检出限和不确定度都大于表 6 中 ATD 测量值。关于 DTD 的更多信息可以查阅文献（Doi 等 1992、Zhuo 等 2002、Tokonami 等 2005a）。双滤膜法中，空气通过第一个滤膜后（阻挡气溶胶、钍射气和氡衰变产物），经过一个腔室，通过第二个滤膜排出。出口滤膜收集腔室内所有的氡衰变产物。为了尽量减少腔室壁上的损失，应该通过足够流量使腔室内产生足够的氡衰变产物。可以通过采样之后进行活度分析，如抓取采样，或者在过滤期间通过闪烁室测量或半导体 α 谱仪测量（连续测量）。

其他连续钍射气监测仪（CTM）的技术已经在前面 CRM 部分描述，在半导体硅探测器上静电收集带电氡衰变产物，然后用 α 能谱法进行检测。但是，由于钍射气寿命短导致无法准确校准探测器，会导致相当大的测量不确定性（见表 8）。应该注意，钍衰变产物 ^{212}Bi 和氡衰变产物 ^{218}Po 发射具有相同能量 6.0 MeV 的 α 粒子，可能会影响氡气测量。此外，钍射气子体 ^{212}Po 发射出能量为 8.8 MeV 的粒子，也会影响使用总 α 计数的氡气测量。氡气监测仪在氡气/钍气混合环境中使用时，应修正钍射气的影响。由于钍射气浓度在空气中不均匀，任何钍射气测量代表性数据都很难保证，因此，直接测定钍射气衰变产物比测定钍射气更为重要。由于衰变产物 ^{212}Pb（10.6 h）的半衰期比钍射气（56 s）长，室内钍射气衰变产物浓度的不均匀性较小。可以通过一个闪烁室分辨测量氡气和钍射气，利用蒙特卡罗方法（Tokonami 等 2002）模拟算出氡气和钍射气相关放射性核素的 α 计数效率。

表 8　钍射气测量装置及其特性

探测器类型（缩写）	被动/主动	典型不确定度	典型采样时间	成本
双径迹探测器	被动	25	3～12 个月	低
双滤膜法（TFM）	主动	10	10 小时	高
连续钍射气测量仪（CTM）	主动	25	2 小时～1 年	高

b. 氡和钍射气衰变产物测量设备

需要更精确地评估辐射照射时（例如，当氡及其衰变产物之间的平衡因子 F 与通常假设的值 $F=0.4$ 有显著差异的情况下），可以直接测定氡衰变产物、平衡当量氡浓度、总 α 潜能浓度（PAEC）或每个衰变产物的活度。现有方法都是根据收集滤膜上的氡衰变产物，然后测量滤膜放射性活度。不同的分析技术选用不同的过滤材料，例如 α 测量，将样品沉积在滤膜表面（Iimoto 等 1998b）。氡和钍射气衰变产物测量装置包括总 α 计数器，累积 α 径迹衰变产物探测器，面垒型半导体探测器测量装置，以及结合态和未结合态采样器（NCRP 1988，Cheng 等 1992）。

2.1.3 水中氡测量装置

地下水中存在的氡主要由于岩石和土壤中的镭（^{226}Ra）衰变所致，并不是主要来源于水中溶解的镭产生。由于管道的吸附导致镭富集（Field 等 1995、Fisher 等 1998a），氡也可以在水输送系统中产生。摄入或者吸入水中释放的氡可能导致水中的氡暴露。一般认为，水（淋浴、洗碗等）中氡释放导致的癌症风险远远高于饮用含氡水的风险（NRC 1998）。常用北美家庭水—空气氡转移系数估计值为 1.0×10^{-4}（Nazaroff 等 1987）。世界大部分地区，从水中释放到室内空气中的氡气量远远少于房屋地基扩散到室内的氡气量。水中氡的采集（Field 和 Kross 1996）和测量（Vitz 1991）已有几种方法。水中氡气的测量方法包括直接 γ 计数法（Galli 等 1999）、驻极体电离室（Kotrappa 和 Jester 1993）、气体脱气法（Surbeck 1996、Freyer 等 2003）。目前，液体闪烁计数法和气体脱气计数（Prichard 等 1991、Prichard 和 Gesell 1977、Lucas 1957，1964）是常用的水中氡气测量方法，下面进行详细介绍。

a. 液体闪烁计数

液体闪烁计数是测量水中氡气最灵敏和应用最广泛的方法。液体闪烁法普遍应用于水中氡气分析是由于该方法具有出色的准确度与精密度、探测下限低、样品制备简单、能够快速测量大批样品、无人看管时能对样品进行自动轮换等优点。由于氡在有机溶剂中溶解度高，可以将采集的水样（Field 和 Kross 1996）直接加入闪烁液混合物（如甲苯、二甲苯或矿物油），形成水—有机相体系。氡被萃取在闪烁液和液闪瓶的空气中，用 LSC 方法进行测量。LSC 技术通过闪烁液发射光子的速率来量化氡及衰变产物的放射性活度（Prichard 和 Gesell 1977、Prichard 等 1991）。LSC 技术的局限性包括购买液体闪烁计数器的初始投资和实验室。

b. 气体脱气计数

通过气体脱气法测量水中氡包括将水中溶解的氡气提取到一种无氡气体中，然后将其转移到氡测量装置，如闪烁室。为了分析水，将样品转移到鼓泡器中，通入不含氡气的气体（氮气）使水样鼓泡，由于气体体积比液体容积大 5～10 倍，可以在室温下将水中的气体分离。利用真空闪烁室采集提取出的氡气，大约 3 h 后氡及其衰变产物达到放射性平衡，然后对闪烁室进行计数。根据计数时间给出的检测限可以低于 1 Bq/L。

除了 EIC 之外，水中氡气的其他测量技术还包括直接 γ 计数法和膜气转移法（Galli 等 1999、Surbeck 1996、Freyer 等 2003）。

2.2 测量方案

本节为代表性氡测量目的和测量场所提供了一般性指导。“短期”测量指在数天或数周内测量平均氡浓度，而“长期”测量通常跨越一个季节或更长时间（数月到一年）。前面提到长期氡测量为首选方法，因为进行短期重复测量时，氡浓度通常会发生 2 倍及以上的时间波动。由于不同环境的氡测量有不同的目的，因此需要用适当的测量方法和协议来反映这些差异。这些协议中，征求利益相关者的意见很重要，包括研究人员、氡测量提供方、建设者和负责实施国家和地区健康指导官员。选择各种情况的最佳方法时，由于空间、时间和仪器产生的不确定性，应考虑测量的波动性和结果的预测值，例如，可以测量典型的个人暴露，或者是某个地点的平均氡浓度，甚至是极端情况下的氡浓度。

在售卖建筑的代表性样本中，确定测量值的预测性能至关重要，以确保合理的决策方案与适当的行动相一致。氡测量的不确定度、参考水平和决策方案都会影响特定地区行动决策的可靠性。一些国家已经公布了有关不同情况下氡气测量及在特定情况下采取决策的详细指南（RPII 2002、Synnott 和 Fenton 2005、SSK 2002、USEPA 1993）。一些指南在研究建筑物氡的区域行为之前制定，可能无法直接用于新的或尚未测量的区域。为了最大限度地提高具有不同气候、不同地质结构、不同施工方法的国家中探测器的性能和可靠性，如第 6 章所述，在高氡潜势区可能需要特殊的测量策略和方案。

2.2.1 住宅的测量

私人住宅进行氡测量应力求以适当的成本可靠估计个人氡暴

露风险。由于许多地区室内氡的时间变化很大，除预期氡浓度极高的情况外，短期测量很不可靠。一些国家，根据“典型”季节变化对不同季节的测量数据进行校正来估算年平均氡浓度（Baysson 等 2003，RPII 2002）。有时会在预计氡浓度最高的一个房间进行单次测量来估计整个房屋的氡浓度。该种测量应该在经常有人活动的房间内进行。如果土壤氡是室内氡的主要来源，则应在接触地面最多、经常停留的位置进行测量；如果建筑材料是氡的主要来源，则选择空气流动最少、经常停留的位置进行测量。此类测量带来的不确定性应该包括在决策方案中。特别重要的是，要清楚明确定义“经常停留”这个术语，该定义因国家和地区而异，特别是在定义中使用小时以及不同家庭在住宅中度过的总时间百分比因不同国家和地区而异。测量方案应该尽量减少探测器测量故障的可能性，探测器的结果会受到通风、湿度、温度、强光、γ 射线或钍射气的影响。

一些国家，氡测量是房屋销售前进行的标准安全评估的一部分。虽然房地产交易提供了评估房产相关危害的机会，但是，签订销售合同的压力往往妨碍正确评估氡的潜在危害。在美国等国家，房地产交易进行氡检测是很常见的做法，通常在同一地点、同一时间平行进行短期测量。这些筛查在季节性变化很明显的高氡地区经常失败。目前短期氡测量技术无法对年平均氡浓度进行准确估计（Steck 1990、Steck 1992、White 1994、White 等 1994）。某些情况下，如果用宽置信区间来解释时，可以用短期测量识别氡浓度升高的住宅。但是，这样测量可能会误判长期氡浓度的高低。长期测量可以与短期测量同时进行，以便准确评估的同时，允许交易继续进行。框注 1 列出了一些国家的测量案例。一些国家给出了布放探测器的详细说明，例如在呼吸高度和距离门窗特定距离布放探测器（DIN 1994）。

框注 1　一些国家的氡测量示例

芬兰和瑞典建议在取暖季节（10 月至次年 4 月）进行测量，预期室内氡浓度会增加。爱尔兰和英国在全年任何 3 个月期间进行氡测量，用季节校正因子进行校正。意大利通常测量一年，以避免季节变化的不确定性。美国绝大多数的测量都与房地产交易有关，所以多数测量为短期测量。

2.2.2　大型建筑物的测量

学校、商业大厦及多单元居住建筑等大型建筑物，由于建筑物结构、使用情况及供暖、通风及暖通空调（HVAC）运行的不同，其氡暴露方式与独立住宅不同。

针对面积大、层数多以及带有独立暖通空调的多单元居住建筑物的测量方案，应该在人经常停留的场所设置多个采样点来反映这些差异。当土壤氡为主要来源时，由于靠近地面楼层的氡浓度有可能高，通常应该在较低的楼层进行较高的比例取样（Fisher 1998b、Synnott 2004，2006）。某些建筑中不同房屋之间氡浓度变化较大，所以大多数大型建筑物需要测量相当比例的房屋数量。

许多建筑物氡浓度呈现日变化的规律，在机械通风的建筑或有人出入的建筑中更为明显。平均氡浓度较高且在一天中仅有部分时间有人使用的建筑物，需要在有人使用的时间内进行测量，确定氡浓度是否存在显著的日变化。

2.2.3 降氡和降氡后的诊断测量

住宅的降氡应根据经常停留空间的长期平均氡浓度决定。如果短期筛选测量表明氡浓度非常高，可以无需经过长期测量即可作出降氡的决定。应该在安装降氡系统几天后在初始位置同时开始短期测量和长期测量。长期测量应该每隔几年重复一次，以确保降氡系统的持续效果。

2.2.4 评估建筑材料的氡析出率

建筑材料的氡通量或氡析出率可以在实验室或现场环境中测量。如果建筑材料的样品很容易获取，则可以通过将样品放入一个密闭的腔室内，然后通过测量腔室内气体来测量氡析出率（Ingersoll 等 1983、Folkerts 等 1984）。现场氡通量的评估采用多种技术，包括累积法、流气法和吸附法。除了测量氡析出率以外，还可以采用高分辨率 γ 能谱测定建筑材料中天然放射性核素的活度。这些方法可参阅文献（De Jong 等 2005、Stoulos 等 2003、Petropoulos 等 2001、Keller 等 2001、NCRP 1988、Collé 等 1981）。

2.2.5 流行病学研究的暴露评估

流行病学研究中的暴露评估受到这些因素的影响，包括氡探测器固有误差、未能考虑住宅内氡的时间和空间变化、以前居住房屋缺少测量数据、未能将氡浓度与个人的移动性联系起来、用氡气测量代替氡衰变产物（Steck 和 Field 2006、Field 等 1996）以及潜在的钍射气干扰（Zhuo 等 2002）。这几个因素可能会使其可靠性显著降低。建议用 ATD 进行长达一年的长期测量，与住宅内个人移动模式相结合（Field 等 2000、Field 等 2002）。为了减少因无法测量以前居住房屋的氡浓度而导致的数据缺失，病例和对照的纳入标准可以包括在当前房屋长期居住的要求。另外，一些病例—对照研究用回顾性玻璃氡探测器来测量嵌入玻璃的氡子体。关于回顾性氡探测器详见 Steck 和 Field（2006）的文献。

2.3 氡测量的质量保证

质量保证（QA）是一个广义概念，包括单独或共同影响测量质量的所有问题。WHO 强烈建议制定质量保证标准及指南，以确保测量结果的可靠性。这里讨论了质量控制措施，为所有类型测量装置通用的 QA 方案要素提供了指导原则。由于测量的质量控制（QC）建议取决于设备的类型，因此，QA 分为连续测量装置和累积平衡测量装置两种情况介绍。

2.3.1 质量保证计划

提供测量服务的所有机构（个人、企业、政府机构等）应建立和执行质量保证计划。质量保证程序的核心是质量保证计划，包括编写标准操作程序、编写质量保证目标以及记录和监测质量控制结果的系统。美国 EPA（1984，1997）已发布制定质量保证计划的指南。

2.3.2 最低可检测浓度

任何氡测量的机构都应在其质量保证计划中包括测量系统的最低可检测浓度（MDC）的计算，并与氡测量结果一起报告。检测限和 MDC 的计算方法见文献（Altshuler 和 Pasternack 1963、ANSI 1989、Currie 1968、Strom 和 MacLellan 2001）。

2.3.3 测量比对

氡测量机构应定期参加实验室之间的测量比对。比对通常以两种方式进行。连续氡测量仪可以作为“传递标准”，发送到几个参考实验室，在氡环境试验系统（STAR）中暴露。STAR 指产生氡气并提供参考浓度的装置（标准氡室）[①]。实验室收到连续氡测量仪后，每个STAR操作者将传递标准的测量值与STAR的监测设备测量值进行比较。这种方式只适用于具有STAR装置的实验室开展。STAR的氡测量必须采用可接受的比对方法，能够追溯到国家参考基准。

另一种方式需要具有氡参考标准装置STAR的机构来组织比对。参加单位将氡测量装置邮寄到主办机构，在STAR进行氡暴露。然后测量装置返给参加单位，但是测量装置的氡暴露量未知，每个参加单位将结果报给主办机构。主办机构将所有参与者的结果与真实值进行比较，并发布报告。探测器对钍射气灵敏度的检验应该作为氡测量比对的一部分。实验室比对可见文献（Butterweck等2002、Tokonami等2005b、Röttger等2006、Beck等2007）。

2.3.4 能力考核和“盲样测量”

认证或许可机构通常要求氡测量的单位参加性能测试或能力考核。参与者与具有STAR装置的经认可机构合作，将测量设备暴露于可控的氡浓度，暴露后将设备返回参加单位，而不告诉暴露的氡浓度值。然后，参与者评估设备的读数并报告结果。通过比较测量结果与真实值，依据认证机构或许可机构制定的标准，

① 网站www.radonweb.org保存了目前STAR装置和提供可溯标准源实验室的最新清单。

告知参与者是否通过了能力测试。这与前面提到的比对测量类似，不同之处在于一次只有一个参与单位在 STAR 装置进行氡测量，而在比对测量中，通常同时涉及几个单位参与。如果参与者不需要在某些认证机构或许可机构进行能力测试，仅为其质量保证计划完成而进行同样的测试，称为“盲样测量”。

2.3.5 盲样测试

认证或许可机构在氡测量机构不知情的情况下对其进行能力考核，由于测量机构不知道约定真实值，甚至不知道正在被考核，因此被称为“盲样测试”。这对面向一般公众或氡检测机构销售设备的机构和个人来说相对容易完成，各机构只需购买仪器并在 STAR 中可控的氡浓度下暴露，然后将仪器连同假设的暴露位置信息发送给机构和个人进行数据分析。对于不销售仪器的机构，如连续测量仪的用户，盲样测试更加困难而且价格昂贵。

2.3.6 连续测量装置

a. 检定或校准

每台连续测氡仪由制造商或由制造商授权和培训的标准实验室进行独立校准。校准过程包括一系列步骤，具体取决于仪器特定类型，包括以下全部或部分：1）电压、电路关键点的电流和/或波形的检查，然后根据需要进行调整；2）检查电池并为其充电，必要时更换；3）确定光电倍增管的甄别器设置和高压设置；4）通过暴露于无氡环境、氮气或老化空气中确定本底，并通过暴露于 STAR 的参考浓度检查校正系数。如果单位使用多个闪烁室型连续测量仪，则每个闪烁室应与特定光电倍增管相匹配，而不是使用其他闪烁室的光电倍增管。否则，应该使用闪烁室和光电倍增管每种组合来确定校正系数。

校准证书须包括下列信息：1）监测仪收到时的基本情况，包括是否存在损坏、甄别器、电压、本底及校正系数的设定；2）测量的本底；3）在参考浓度下的测量结果；4）校正后的参数，包括甄别器的设定、电压、本底及校正系数；5）校正日期；6）校准负责人的姓名及签名。

校准标签应贴在监测仪上，包括：1）校准机构名称；2）校准人姓名缩写；3）校准日期；4）校准的有效期；5）本底值和校正系数；6）监测仪序列号。监测仪应定期进行校准，通常每年或每半年校准一次，视制造商的建议及许可或认证机构的要求而定。

b. 本底

至少每年评估一次连续监测仪的本底，通常作为校准过程的一部分。随着时间的推移，氡的长寿命子体 ^{210}Pb 在探测器中积累。铀衰变系列中的两个放射性核素 ^{210}Bi 和 ^{210}Po 在某种程度上与 ^{210}Pb 达到了平衡。由于 ^{210}Po 衰变发射 α 粒子，^{210}Po 的积累通常会导致仪器本底随时间而增加。

闪烁室连续氡监测仪的本底需要经常测量，取决于闪烁室的使用频率和监测的氡浓度。通常每 1 000 h 测量一次本底。如果本底的变化不大于 30 Bq/m^3，只要系统不受到高氡浓度的影响，就可以增加本底测量之间的间隔。如果用多个连续监测仪，则应测定闪烁室和光电倍增管组合在一起的本底。

c. 自检

一些连续监测仪具有自检功能，由用户在两次校准期间进行，例如检查电池、用标准源检查探测器性能以及探测器性能的电子学检查。如果可以自检，应该在每次测量之前进行。某些类型的监测仪，每次开始测量时都会自动进行自检。

d. 平行样测量

应按质量保证计划中规定的比例重复测量，如 10%的比例（USEPA 1993），放置两个相同类型的监测仪同时进行测量。通过计算两个测量值的相对百分比偏差（RPD），用来衡量仪器的测量精度。RPD 的测量结果应制成表格并绘制在如下所述控制图上。如果平行样测量不一致，那么可能意味着一个或两个监测仪的校准不再准确，需要进一步检查原因。

e. 非正式比对

如果相同类型的两个监测仪不能进行平行样测量，则可以用不同类型的测量装置，如活性炭装置与监测仪进行平行测量。这种测量方法不能评价任何一种设备的精度，所以不是“平行测量”，而被称为“非正式比对”。如果两个测量结果不一致就提示一种或两种类型的监测仪存在问题，这种测量可以提供有用的信息。RPD 应该按照如下所述进行计算和评估。

f. 交叉检验

氡监测仪应该每隔 6 个月或校准时间过半后与另一台最近校正过的同类型监测仪进行“平行”测量，这称为“交叉检验测量”。假定最近校准的监测仪能够提供更好的氡浓度估计，该监测仪能够显示默认的真实值，从而计算相对误差，然后可以应用校准系数。

2.3.7 累积平衡测量装置

a. 刻度

累积测量装置，例如 α 径迹装置、驻极体电离室和活性炭装置的刻度，不是刻度一个测量装置，而是将一批代表性的测量装置在 STAR 不同条件下暴露，如不同氡浓度、不同暴露时间、不同相对湿度和不同温度条件。检验设备的制造商或实验室根据 STAR 照射的数据，建立一套校准曲线或校准算法。George（1984）和美国 EPA（1987）介绍了具体的活性炭盒法的刻度方法。这些校准曲线或算法是测量装置的刻度系数与操作因素（例如暴露时间、驻极体电位）和环境因素（例如环境 γ 本底、相对湿度、温度、海拔）的函数。制造商或实验室定期用下面描述的加标样品来证明刻度继续给出可靠且“受控”的结果。如果装置发生物理改变，包括活性炭装置用不同重量的活性炭，或者定期的质量控制数据表明结果不可靠，必须按照上述程序重新刻度。

b. 平行或配对测量

平行或“配对”测量可以评估测量的准确性以及评价设备和实验室的总体精度。在 QA 计划中应该指定平行测量的比例。以规定的比例进行平行测量，例如十分之一的比例进行平行测量，可以确保测量现场遇到的氡浓度范围内均有平行测量（USEPA 1993）。应为每组平行测量计算恰当的统计信息，将其结果列入质量控制记录中，并在质量控制图中绘制。如果只有两个测量值“平行”，那么可以用 RPD 统计，否则必须使用变异系数统计。应在质量保证计划中规定精度目标，例如“受控”“警告水平”和“控制限值”，以及超过限值应采取的措施。有关控制图、限值设置和确定何时采取纠正措施的信息见 Goldin（1984）和美国 EPA（1984，1993）。

c. 实验室本底测量

用于分析的实验室设备，如活性炭盒和 α 径探测器，具有固有本底，必须从现场探测器中减去本底。如前所述，建立分析系统的检测限和 MDC 时也用了本底测量。分析实验室的质量保证计划应包括规定每批探测器需要本底测量的最小数量标准或代表性空白装置的测量频率，以建立测量系统的实验室本底。

d. 现场本底控制测量

现场本底测量或“现场空白”，用来确保处理、运输、贮存不会对设备产生比分析实验室建立的 MDC 更大的影响。用户应留出一定比例的探测器，作为空白送到实验室，例如 5%的比例（USEPA 1993）。空白装置的处理方式应与现场测量的装置相同。布放现场测量装置时，空白探测器应贮存在低氡环境中，如装有活性炭的密封箱内。空白探测器应该以虚构的位置信息同现场探测器一起运输到实验室，确保空白探测器的检测不会受到特殊处理。质量保证计划应包括当报告的空白结果超过实验室的 MDC 时应采取的措施，并向实验室报告该问题。这可能表明用户的操作或探测器存储有问题，也可能代表实验室的问题。空白测量值不一定要从现场测量值中减去。空白测量结果只能在分析实验室判断后才能应用。

e. 加标

一定比例的探测器应送到参考实验室，在 STAR 已知氡浓度条件下暴露一定时间，被称为“加标样品”或“加标测量”。加标测量评价设备和实验室操作的总体精度。在质量保证计划中应该规定加标测量的比例。每次测量，应该假设 STAR 操作者提供的值是真实值计算测量的相对误差，并列入质量控制记录中，绘制在控制图上。如上所述，应在质量保证计划内规定精度目标，例如“受控”“警告水平”和“控制限值”，以及超出限值将采取的措施。有关控制图、限值设定和决定何时采取纠正措施的信息见文献（Goldin 1984、USEPA 1984，1993）。

参考文献

Altshuler B, Pasternack B (1963). Statistical measures of the lower limit of detection of a radiochemistry counter. *Health Phys*, 9: 293-298.

American National Standards Institute. The Institute of Electrical and Electronics Engineers Inc. (1989). *American national standard performance specifications for health physics instrumentation-portable instrumentation for use in normal environmental conditions*. ANSI/IEEE (42.17A-1989), New York.

Baysson H et al. (2003). Seasonal correction factors for estimating radon exposure in dwellings in France. *Radiat Prot Dosimetry*, 104: 245-252.

Beck TR et al. (2007). Interlaboratory comparisons for passive radon measuring devices at BfS. *Radiat Prot Dosimetry*, 125 (1-4): 572-575.

Butterweck G et al. (2002). Intercomparison exercise of the PTB, BfS, MPA and PSI calibration facilities for radon gas concentration. *Radiat Prot Dosimetry*, 98: 219- 222.

Cheng YS et al. (1992). Use of a graded diffusion battery in measuring the activity size distribution of thoron progeny. *J. Aerosol Sci*, 23: 361-372.

Colle R et al. (1981). *Radon transport through and exhalation from building materials: a review and assessment.* National Bureau of Standards Technical Note 1139, National Technical Information Service, NTIS, Springfield, VA.

Currie L A (1968). Limits for the qualitative detection and quantitative determination. Application to radiochemistry. *Analytical Chem*, 40: 586-593.

De Jong P et al. (2005). Interlaboratory comparison of three methods for the determination of the radon exhalation rate of building materials. *Health Phys*, 88 (1): 59-64.

Deutsches Institut für Normung (1994). Passive Radonmessungen. DIN 25706, Beuth Verlag, Berlin. (In German)

Doi M, Kobayashi S, Fujimoto K (1992). A passive measurement technique for characterisation of high-risk houses in Japan due to enhanced levels of indoor radon and thoron concentrations. *Radiat Prot Dosimetry*, 45: 425-430.

Durrani SA, Ilic R, eds. (1997). *Radon measurements by etched track detectors: applications in radiation protection, earth sciences and the environment.* World Scientific Publishing Company, Singapore.

Field RW et al. (1995). Radium-bearing pipe scale deposits: implications for national waterborne radon sampling methods. *Am J Public Health*, 85: 567-570.

Field RW et al. (1996). Residential radon-222 exposure and lung cancer: exposure assessment methodology. *J Expo Anal Environ Epidemiol*, 6: 181-195.

Field RW, Kross BC (1996). Intercomparison of waterborne ^{222}Rn collection methods: professional versus homeowner collection. *Ground Water Monitoring and Remediation*, 16: 106-112.

Field RW et al. (1998). Dosimetry Quality assurance: the Iowa residential radon lung cancer study. *Radiat Prot Dosimetry*, 78: 295-303.

Field RW et al. (2000). Residential radon gas exposure and lung cancer: the Iowa Radon Lung Cancer Study. *Am J Epidemiol*, 151 (11): 1091-1102.

Field RW et al. (2002). Residential radon exposure and lung cancer: variation in risk estimates using alternative exposure scenarios. *J Expo Anal Environ Epidemiol*, 12 (3): 197-203.

Fisher EL et al. (1998a). Temporal and spatial variation of waterborne point-of-use 222Rn in three water distribution systems. *Health Phys*, 74: 242-248.

Fisher EL et al. (1998b). Spatial variation of residential radon concentrations: the Iowa Radon Lung Cancer Study, *Health Phys*, 75 (5): 506-513.

Folkerts KH, Keller G, Muth H (1984). Experimental investigation on diffusion and exhalation of Rn-222 and Rn-220 from building materials. *Radiat Prot Dosimetry*, 7: 41-44.

Freyer K et al. (2003). Optimization of time resolution and detection limit for online measurements of ^{222}Rn in water. *Journal of Radioanalytical and Nuclear Chemistry*, 257: 129-132.

Galli G, Guadoni C, Mancini C (1999). Continuous measurement system of radon concentration in water by gamma radiation detection emitted by ^{214}Bi and ^{214}Pb decay. *Il Nuovo Cimento C*, 22 (304): 577.

George AC (1984). Passive integrating measurement of indoor radon using activated carbon. *Health Phys*, 46: 867-872.

George AC (1996). State of the art instruments for measuring radon/thoron and progeny in dwellings - a review. *Health Phys*, 70: 451-463.

Goldin AS (1984). Evaluation of internal quality control measurements and radioassay, *Health Phys*, 47 (3): 361-364.

Iimoto T et al. (1998a). Continuous ^{220}Rn concentration monitor using an electrostatic collection method. *Radiat Prot Dosimetry*, 77: 185-190.

Iimoto T et al. (1998b). Characteristics of major filters used for ^{222}Rn progeny measurements. *Radiation Measurements*, 29: 161-164.

Ingersoll JG, Stitt BD, Zapalac GH (1983). A fast and accurate method for measuring radon exhalation rates from building materials. *Health Phys*, 45: 550-553.

Keller G, Hoffmann B, Feigenspan T (2001). Radon permeability and radon exhalation of building materials. *Sci Total Environ*, 272 (1-3): 85-89.

Kotrappa P et al. (1990). A practical electret passive environmental radon monitor system for indoor radon measurement. *Health Phys*, 58: 461-467.

Kotrappa P, Jester WA (1993). Electret ion chamber radon monitors measure radon in water. *Health Phys*, 64: 397-405.

Lucas HF (1957). Improved low level alpha scintillation counter for radon. *Rev Scient Instrum*, 28: 80.

Lucas HF (1964). *A fast and accurate survey technique for both radon-222 and radium-226.*: The Natural Radiation Environment, ed. Adams, J.A.S. and Lowder, W.M., University of Chicago Press.

National Academy of Science, National Research Council (1998). *Assessment of radon in drinking water, committee on the assessment of exposures to radon in drinking water*, board on radiation effects research, Commission on Life Sciences, National Academy Press, NRC, Washington, D.C.

National Council on Radiation Protection and Measurements (1988). *Measurement of radon and radon daughters in air*. NRCP, Bethesda, report no.97: 1-174.

Nazaroff WW et al. (1987). Portable water as a source airborne Rn-222 in U.S. dwellings: A review and assessment. *Health Phys*, 52 (3): 281-289.

Organization for Economic Cooperation and Development (1985). *Metrology and monitoring of radon, thoron and their daughter products*. OECD Publications, Paris, 1-148.

Petropoulos NP, Anagnostakis MJ, Simopoulos SE (2001). Building materials radon exhalation rate: ERRICCA intercomparison exercise results. *Sci Total Environ*, 272 (1-3): 109-118.

Prichard HM, Gesell TF (1977). Rapid measurements of ^{222}Rn concentrations in water with a commercial liquid scintillations counter. *Health Phys*, 33: 577-581.

Prichard HM, Venso EA, Dodson CL (1991). Liquid scintillation analysis of ^{222}Rn in water by alpha/beta discrimination. *Radioactivity and Radiochemistry*, 3: 28-36.

Quindós LS, Fernández PL, Soto YL (1991). Short versus long-term indoor radon measurements. *Health Phys*, 61: 539-542.

Radiological Protection Institute of Ireland (2002). *RPII Standard protocol for determination of the annual average radon gas concentration in domestic dwellings*. (http: //www.rpii.ie/download/radonprotocol.pdf).

Rottger A et al. (2006). Radon activity concentration - a Euromet and BIPM supplementary comparison. *Appl Radiat Isot,* 64: 1102-1107.

Shang B et al. (2005). Thoron levels in traditional Chinese residential dwellings. *Radiat Environ Biophys*, 44: 193-199.

SSK (2002). Leitfaden zur Messung von Radon, Thoron und ihren

Zerfallsprodukten. Veröffentlichungen der SSK Bd. 47, Urban & Fischer, München.

Steck DJ (1992). Spatial and temporal indoor radon variations. *Health Phys*, 62 (4): 351-355.

Steck DJ et al. (2002). ^{210}Po implanted in glass surfaces by long term exposure to indoor radon. *Health Phys*, 83: 261-271.

Steck DJ, Berglund JA, Field RW (2005). ^{210}Po implanted in glass surfaces: calibration and improved performance for retrospective radon gas and radon progeny reconstruction.

Radioactivity in the Environment Book series, Volume 7, Seventh International Symposium on the Natural Radiation Environment (NRE-VII) Elsevier, Amsterdam.

Steck DJ, Field RW (2006). Dosimetric challenges for residential radon epidemiology. *J Toxicol Environ Health A*, 69: 655-664.

Steck, DJ (1990). A comparison of EPA-screening measurements and annual ^{222}Rn concentrations in a statewide survey. *Health Phys*, 58 (4): 523-530.

Stoulos S, Manolopoulou M, Papastefanou C (2003). Assessment of natural radiation exposure and radon exhalation from building materials in Greece. *J Environ Radioact*, 69 (3): 225-240.

Strom D J, MacLellan J (2001). Evaluation of eight decision rules for low-level radioactivity counting. *Health Phys,* 81: 27-34.

Sun K et al. (2006). Field comparison of commercially available short-term radon detectors. *Health Phys*, 91: 221-226.

Surbeck H (1996). *A radon-in-water monitor based on fast gas transfer membranes*. Paper presented at the International Conference on technologically Enhanced Natural radiation (TENR) caused by non-uranium mining, October 16-19, 1996, Szczyrk.

Synnott H, Fenton D (2005). *An evaluation of radon reference levels and radon measurement techniques and protocols in European countries*. Radiological Protection Institute of Ireland, (http://www.rpii.ie/download/ERRICCAMeasuremen t%20Report.pdf).

Synnott H et al. (2006). Radon in Irish schools: the results of a national survey. *Journal of Radiological Protection*, 26: 85-96.

Tokonami S et al. (1996) Calculation procedure of potential alpha energy concentration with continuous air sampling. *Health Phys*, 71: 937-943.

Tokonami S et al. (2002). Simple, discriminative measurement technique for radon and thoron concentrations with a single scintillation cell. *Rev Sci Instrum*, 77: 69-72.

Tokonami S et al. (2005a). Up-to-date radon-thoron discriminative detector for a large scale survey. *Rev Sci Instrum*, 76: 113505-113509.

Tokonami S et al. (2005b). Intercomparison exercise of measurement techniques for radon, radon decay products and their particle size distributions at NIRS. *Japanese Journal of Health Physics*, 40:

183-190.

United States Environmental Protection Agency (1984). *Quality Assurance Handbook for Air Pollution Measurement Systems: Volume 1*. USEPA Publication 600/9-76-005, Washington, D.C.

United States Environmental Protection Agency (1987). *EERF Standard Operating Procedures for* ^{222}Rn *Measurement Using Charcoal Canisters*. USEPA Publication 520/5-87-005, Montgomery, Alabama.

United States Environmental Protection Agency (1992). *Indoor Radon and Radon Decay Product Measurement Device Protocols*. USEPA Publication 402-R-92-004. (http://www.radon.com/pubs/devprot1.html).

United States Environmental Protection Agency (1993). *Protocols for Radon and Radon Decay Product Measurement in Homes*. USEPA Publication 402-R-92-003. Washington, D.C.

United States Environmental Protection Agency (1997). *National Radon Proficiency Programme Guidance on Quality Assurance*. USEPA Publication 402-R-95-012, Montgomery, Alabama.

Vasudevan L, McLain L, Milton E (1994). Atmospheric pressure effects on the calibration constant of alpha-track radon detectors. *Health Phys*, 66 (3): 318-326.

Vitz E (1991). Toward a standard method for determining waterborne radon. *Health Phys*, 60: 817-829.

White SB, Alexander BV, Rodman NF (1994). Predicting the annual concentration of indoor ^{222}Rn from one or more short-term measurements. *Health Phys,* 66 (1): 55-62.

White SB (1994). Making mitigation decisions based on short-term tests of ^{222}Rn. *Health Phys,* 67 (2): 180-182.

World Health Organization (2007). *International Radon Project Survey on Radon Guidelines, Programmes and Activities*. WHO, Geneva.

Zhang Z et al. (2007). Variation in yearly residential radon concentrations in the Upper Midwest. *Health Phys*, 93: 288-297.

Zhuo W et al. (2002). A simple passive monitor for integrating measurements of indoor thoron concentrations. *Rev Sci Instrum*, 73: 2877-2881.

3. 防氡和降氡

关键信息

■ 需要采取防氡（新建房屋）和降氡（已建房屋）的措施，以实现降低总体风险。

■ 氡的来源、氡浓度和氡的迁移机制影响防氡降氡措施的选择。

■ 氡测量应始终作为评判防氡或降氡措施效果的有效手段。

■ 建筑行业的专业人员是防氡降氡的关键人员，需要制定规划进行培训，以确保他们在氡防治领域的能力。

■ 应制定国家级的防氡降氡指南和（或）标准。

本章重点介绍新建房屋（包括扩建或改建的已建建筑）中氡的预防措施和已建房屋的降氡措施。在防氡降氡指南的框架内，还讨论了氡控制系统的相关培训和技术标准。室内氡最主要的来源是建筑物的地基和土壤。但是，氡的来源还可能包括来自钻井

（地下水供应）的生活用水和饮用水，以及建筑材料（包括混凝土、砖、天然建筑石材、天然石膏和使用磷石膏、高炉矿渣、粉煤灰等工业副产品的材料）产生的氡（EC 1999，Somlai 等 2005）。氡的来源和氡的迁移机制对各种防氡降氡策略的成本—效益具有显著的影响。

3.1 防氡降氡行动的组织

本节中，讨论了有组织的氡计划背景下防氡降氡行动的具体要点。第 6 章介绍了国家氡计划的组织。控制氡的目的应该是降低全民风险。如果只对已建建筑物采取降氡措施，这个目标可能无法达到。因此，还应制定预防性目标，以降低新建房屋的氡浓度。如果不制定目标，在下列情况下，室内氡浓度偏高的住宅总数将会增加：

（1）室内氡浓度偏高的新建住宅数量增加；

（2）室内氡浓度偏高的新建住宅数量超过采取降氡措施的已建住宅数量。

在国家氡计划框架内成功开展防氡降氡行动的关键因素如下：

（1）氡控制行动应考虑建筑类型的组合

- 新建住宅与已建住宅，因为氡暴露最多的地点一般是在住宅内；

- 公众可能长时间停留的建筑，如：学校、幼儿园、国家的或租赁的建筑物、住宿设施。

（2）用建筑学研究确定最具成本—效益的防氡降氡措施，结构、地基、通风系统以及施工方法因地区而异。具体来说，应该研究开发：

- 新建住宅的防氡标准与规范；
- 已建住宅的降氡标准与补救要求（参见第 3.1.2 节）。

（3）不同氡来源的贡献因国家甚至地区而异，以下机制可供考虑：

- 压力驱动的土壤氡渗入；
- 建材氡的析出；
- 水氡的迁移。

（4）应对建筑专业人员进行适当的培训与认证，以确保防氡降氡行动的有效性。

下面的章节中讨论了防氡降氡的一些共识。

3.1.1 氡控制系统的设计准则

防氡降氡系统要求满足以下设计标准：

- 能够把氡浓度合理降低到远低于参考水平；
- 安全并且氡浓度水平不会反弹；
- 耐用且功能齐全，可满足建筑的预期使用寿命；

- 功能易于监控；
- 安静、干扰小；
- 安装、运行、维护的成本低；
- 用被动减压系统时方便安装风机。

参考这些设计标准，表 9 比较了新建建筑的不同控氡系统。

表 9　新建建筑的氡控制方案

选择	降氡潜能	长期性能	监控需求	安静与低干扰	花费	
					安装	运行
密封与土壤接触的表面	无～低中度	差～一般	需要重复氡检测	通常非常好	中等	很低
土壤气体屏障	高度可变	稳定但降氡有限	需要重复氡检测	非常好	取决于维护与质量	无
空置下部空间的被动通风	中～好	非常好	需要重复氡检测	非常好	低	低
空置下部空间的主动通风	好	非常好	需要重复氡检测	好	适中	适中
主动土壤减压[a]	中～非常好	非常好	需要压力和/或氡检测	通常非常好	低	适中
被动土壤减压[a]	低～中	好（如果维持密封）	需要重复氡检测	通常非常好	低	很低
平衡通风[b]	低～中	好（如果运行与维持）	需要重复氡检测	通常非常好	低～高	适中～高

来源：美国 EPA（1993）

a 由于主动和被动土壤减压是最常见的氡控制措施，本表中突出强调。

b 平衡通风指空间的排气与供气平衡的通风。

3.1.2 研究性指南和标准

应制定或修改防氡降氡的指南和标准，作为良好实践的最低要求。指南或标准应以建筑科学研究为基础。此外，指南和标准应以明确的设计准则为基础，因为它们不能解决所有可能的问题。

在制定这些指南和标准时，必须咨询降氡承包商、建筑研究人员以及其他建筑和施工方面的专业人员。Flater和Spencer（1994）指出，如果这些指南和标准成为建筑规范的一部分，则需要检查程序来确保合规性。有降氡或防氡指导性文件或标准的国家包括：奥地利、比利时、中国、捷克共和国、芬兰、法国、爱尔兰、拉脱维亚、挪威、俄罗斯、瑞典、瑞士、英国和美国（WHO 2007）。指导性文件的示例见框注2。

框注2 氡指导性文件示例

中国：新建低层住宅建筑设计和施工中氡控制导则（GB/T 17785—1999）[a]；室内空气质量标准（GB/T 18883—2002）[b]。

英国：已建住宅的氡补救措施指南（BRE 1998）。

美国：低层住宅建筑主动土壤减压降氡标准（AARST 2006）；已建低层住宅建筑安装降氡设施的标准规程（ASTM 2007）。

译者注：a 该标准已废除。

b 该标准已更新为室内空气质量标准（GB/T 18883—2022）。

3.1.3 氡专业人员培训与能力测试

为设计与安装经济的氡控制系统，应制定一项规划，用来培训降氡专业人员、建筑承包商和其他相关专业人员。此外，公共卫生官员可能会接受常规的防氡方案培训。如果实施了防氡监管要求，建筑主管部门也应接受培训。

值得说明的是，这个措施应该包括初步培训，也可以包括进修课程。培训计划应与建筑研究人员、建筑承包商和建筑工人协商制定。大学、政府和/或非政府机构也可以参加培训。

此外，建议制定规划，通过认证或发放许可证以及增加对专业人员的培训，以确保专业人员的熟练程度。

3.2 新建建筑的防氡措施

如前所述，从土壤到室内空间的压力差（即对流）是最重要的氡迁移机制。其他驱动力包括扩散。由于土壤和室内空间之间的气压差是氡气进入室内的主要驱动力，防氡措施通常侧重于扭转这种压力差，通常采用主动（风机驱动）或被动（无风机）土壤减压来实现。土壤和室内之间的隔膜可以与空气压力控制措施联合使用。隔膜作为一个独立的控制技术，在3.2.3节详细讨论。

3.2.1 评估防氡措施的有效性

在实现和维持室内低水平氡浓度方面，新建建筑物内的氡控制措施并不总是成功的（Synnott 2003，Saum 1993）。因此，有必要测量新建建筑物内的氡浓度。

- 居住前：由于供暖和通风情况的不同，空置建筑物的室内氡浓度可能与有人居住的建筑物不同。
- 居住期间：新建建筑居住后，氡测量可以说明室内氡浓度是否低于参考水平。由于氡控制系统的性能会随着时间而变化，应定期进行氡浓度检测。

这些检测应该按照规定的测量程序进行，如第 2 章所述。

3.2.2 施工前现场评估

国际上有很多用来评估室内高氡概率的方法。一种方法是绘制地区、县、市或其他区域的地质图。另一种方法是在施工之前检测各个建筑物场址，以确定场址的氡指数，然后用氡指数来决定该场地上建筑物所需的氡防护程度，这种方法被捷克共和国（Neznal 等 2004）等国家使用。但是，芬兰、爱尔兰、挪威、瑞典、瑞士、英国、美国等国家，采用的最经济的方法是在所有新住宅中使用控氡措施（WHO 2007）。这种方法有时仅限于高氡潜势区（见第 6 章）。

3.2.3 防氡措施

由于土壤和室内空间之间的空气压力差，大多数防氡措施涉及限制土壤气体渗透的步骤。最经济的防氡措施应综合考虑该地区或国家的施工实践、氡来源和迁移机制。某些情况下，可能需要采取多种措施的组合，例如在有多种类型地基的建筑物中。以下列出了几种防氡措施。

a. 主动土壤减压（ASD）

图 4 所示为 ASD 系统，相比被动土壤减压（PSD）系统（USEPA，1993），其安装简单并且有更好的降氡效果。因此，ASD 可能是房屋建筑商的最佳选择。ASD 有着悠久的历史，最初在加拿大开始实验应用（Scott 1979、Gessall 和 Lowder 1980、Dsma Atcon 1982）。通常，ASD 系统包括以下基本组件。

- 抽吸点位于房屋与地面接触的地板或楼板下方，并与连续均匀渗透的骨料层、地下水控制系统或集水坑相连。
- 排放点的位置应尽量减少人暴露的机会，例如在高屋顶上方。有证据表明，ASD 在地面排放会导致氡气重新进入房屋的风险（Henschel 和 Scott 1991、Yull 1994、Henschel 1995）。即使风险看起来很小，ASD 系统的安装方式也应使这种风险最小化。
- 一个连续运行的直列风机位于室内空调的外部和上方。已建住宅和新建住宅的 ASD 系统的一个重要区别是，在后者中，透水层和密封的使用提供了应用小型节能风机的机会。

• U 形管压力计用作监测性能的系统指示器，例如风机下方排气管的压差。

• 该系统应该在不同部位贴上标识，以避免与管道系统混淆（类似于 PSD）。

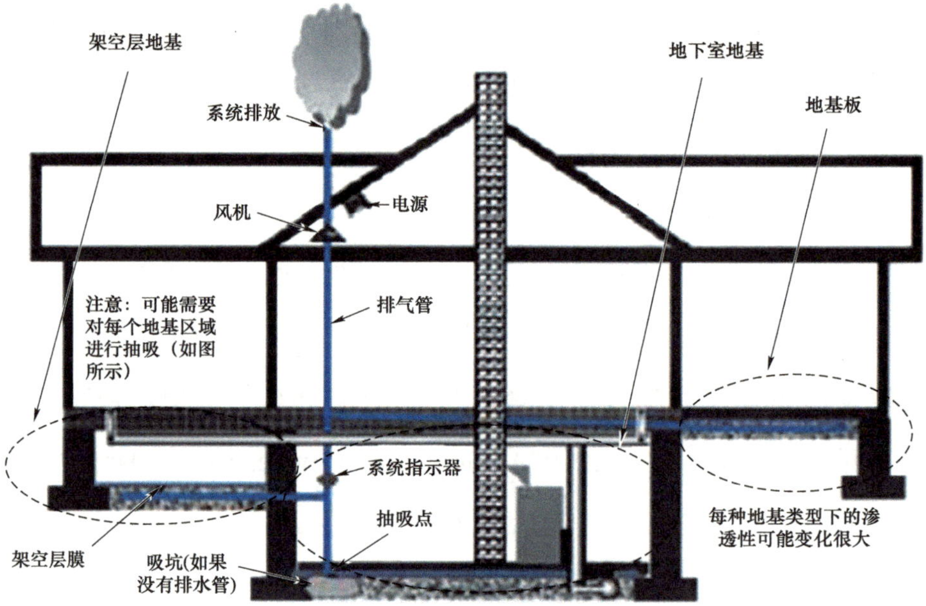

图 4　新建建筑的主动土壤减压控氡系统

b. 被动土壤减压（PSD）

用于新建建筑的 PSD（见图 5），类似于主动土壤减压（ASD），不同之处在于：

• PSD 的有效性取决于排风管道内空气的热浮力及其对住宅下土壤的轻度减压能力。为使其有效，应考虑以下事项：

○ 该系统必须在所有与地面直接接触的部分（例如混凝土板、架空层隔膜）下有一层均匀的渗透层；

○ 排气管必须通过建筑物的供暖部分，在没有供暖的区域，排气管的任何部分都必须保温；

○ 如果 PSD 系统未能达到足够的降氡效果，则排气管路必须便于安装风机；

○ 排气管必须位于最高屋顶排放处；

○ 该系统应该在不同部位贴上标识，以避免与管道系统混淆。

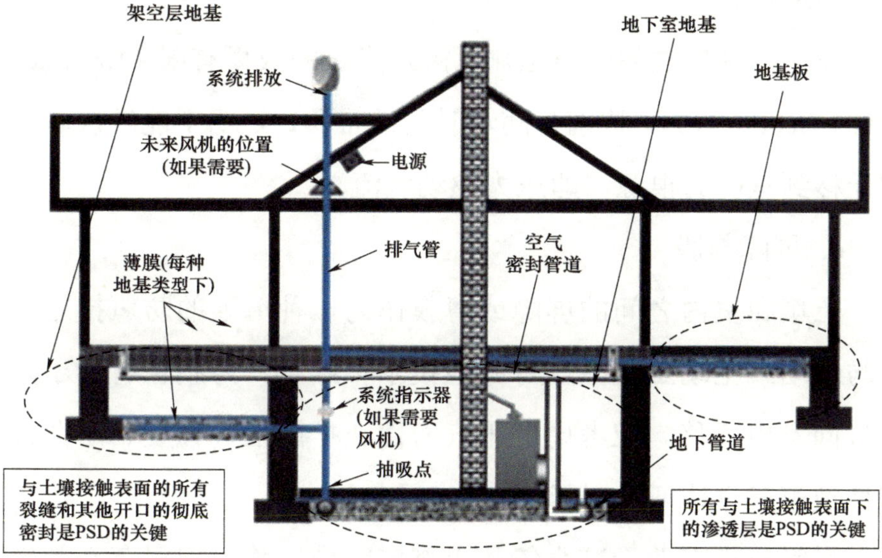

图 5　新建建筑的被动土壤减压控氡系统

● 与土壤接触的建筑构件必须密封，以防止土壤气体渗透（见密封和屏障部分）；

● 由于排风管道与使用区域之间的气压差很小，因此监测系统性能的唯一方法是进行周期性或连续性的氡浓度监测。

在新建筑中，PSD 可以降低约 50%的氡（Dewey 和 Nowak 1994）。PSD 系统可设计安装小型风机（例如 75 W 或更低）用来启动系统（Saum 1991、ASTM 2007）。较小功率的风机可以节省能源，降低运行成本。

c. 表面密封

将室内空间与户外土壤隔开的表面密封，可以提高其他防氡措施，如 PSD 或 ASD 的性能。这些情况下，密封可以减少室内空调的能量损失（Henschel 1993），并增加了从土壤到室内空气之间的压力逆转。

作为一种独立的防氡措施，密封降氡的效果有限（Brennan 等 1990、Scott 1993），特别是随着时间的推移，封闭不能解决氡从土壤迁移到室内的根源，即压力驱动气流。

d. 屏障与膜

土壤和室内之间的屏障或薄膜作为一种单独的防氡措施，也可与被动或主动土壤减压等其他技术相结合。薄膜也有助于限制湿气向室内迁移。应考虑使用气密性、扩散性、强度、耐久性等特性被第三方认证的屏障（Sintef 2007）。

尽管屏障有助于减少氡从土壤向室内迁移，但对其有效性的观点不一。

- 支持者指出，安装后几乎不会出什么问题，前提是屏障必须密不透气。Scivyer 和 Noonan（2001）在研究中发现，十年的时间里，氡屏障全覆盖房屋的氡浓度没有明显的变化。然而，没有任何证据表明该膜开始时的有效性。

- 反对者指出，在一般施工条件下，很难确保膜的气密性。被刺破的膜可能作为漏洞收集土壤气体，并通过任何开口将其渗入建筑物。此外，膜不能解决气压差的问题（Scott 1993）。在温和的气候条件下，由温度引起的压力差异很小，这种膜可能更有效。图 6 显示了差和好的氡屏障安装示例。

图 6　屏障安装的示例

防氡膜可与土壤减压等其他防氡技术结合使用。当与土壤减压一起使用时，膜不需要连续。例如，在芬兰，当安装土壤减压管道时，增强沥青毡安装在地板地基下。

e. 空置空间的通风

将建筑物与土壤隔离，降低占用空间下方的氡浓度，土壤和占用空间之间的空置空间（如通风的架空层）的通风可降低室内氡浓度水平。这个措施的有效性取决于很多因素，包括通风的空置空间上方地板的气密性，以及在被动通风情况下空置空间周围通风口的分布。这种方法用风机对空置空间进行加压或减压。但是，风机驱动的架空层减压可能会造成诸如燃烧装置的回火现象和能量损失问题（ASTM 2003a）。底板降压和膜下降压（SSD 和 SMD）可以为主动，也可以为被动，建议用于具有架空层地基建筑物氡的控制。SSD 和 SMD 比架空层通风降氡效果更好。

f. 使用空间的通风

对于室内空气质量来说，有必要进行室内外空气之间的交换。对于防氡，通风会有不同的结果，并且可能导致能量损失，特别是在极端气候下。如果氡的主要来源是建筑材料，则需要通风。而且，首先最好避免用有氡污染来源的建材（European Commission 1999）。

g. 水处理

除非已知水中氡浓度很高，新建筑一般不需要进行水处理。有关降低室内氡浓度的水处理技术详见 3.3.2 节。

3.3 已建建筑的降氡措施

降氡与防氡在某些方面是相似的，但也有细微且重要的区别。降氡的成本—效益因安装系统的类型与安装的质量而异。有证据表明，与户主在内的其他人相比，由经验丰富的承包商安装，主动土壤减压措施能最有效地降低室内氡浓度（Naismith 等 1998）。

为了决定降氡措施或确认任何降氡行动的有效性，氡测量的操作必须符合公认的测量规程和适用的参考水平（见第 2 章和第 6 章）。

降氡建议的范围和紧迫性由所测量的氡浓度水平决定。例如，如果测量结果显示室内氡浓度略高，且没有降氡的迫切时间要求，可建议采取有限的或分阶段的降氡措施。如果需要，可以进一步采取降氡措施。

在一些国家，如美国，降氡工作的重点是采取强有力的补救措施，如主动土壤减压。与其他降氡效果有限的方法相比，这种方法只需要增加少量成本就可以最大限度地降低氡浓度。此外，采用强而有力的方法给予实现降氡目标更多信心。对降氡有迫切要求时适合采取强有力的降氡措施，例如在房屋买卖期间。如第 2 章中所述，为确定降氡措施的有效性，应长期进行氡浓度测量。此外，由于降氡系统的性能可能会发生变化，采取降氡措施后的房屋应定期重复检测（Gammage 和 Wilson 1993）。

3.3.1 降氡前建筑物调查和诊断性检测

将最经济的降氡措施与目标建筑物的特性相匹配非常重要。一般来说，在结构复杂的建筑内和降氡难度很大的情况下，诊断过程应该更加彻底。调查和诊断可能以各种方式进行，每种方式都有其优缺点。在大多数国家，降氡前的检查工作由从事降氡的私人承包商进行。在瑞士，由政府工作人员进行这项调查，然后向业主提供降氡方案和建议。在挪威，诊断由仅从事诊断的私人承包商进行独立评估，理想情况下，这种诊断性评估要独立于降氡承包商。在芬兰、爱尔兰、瑞典、英国和美国，通常由降氡承包商进行诊断。诊断性检测应考虑以下基本要素。

- 对建筑物进行目视检查非常必要，以确定氡进入的途径和可能采取的降氡措施，如：

- ○ 氡的进入点；
- ○ ASD 系统的抽吸点选点；
- ○ ASD 系统管道的布线选点；
- ○ 房屋减压的主要源项；
- ○ 建筑物的建造及改建历史；
- ○ 向户外排放燃烧污染物的燃烧器具。

● 当怀疑有压力驱动的土壤气体渗透时，通常使用化学烟雾、装粉末的安瓿或微压计来确定：

○ 压力差，例如土壤和室内空气之间或室外和室内空气之间的压力差；

○ 当使用真空泵或临时风机减压时，扩大居住空间下方土壤压力较低的空间（Henschel 1993）。

非热烟安瓿提供了压力差的定性指示，而微压计提供了反映压差强度的定量数据。此外，可在开启和关闭排气通风的情况下，使用微压计测量室内外压差，了解潜在的氡进入途径。

● 考虑机械通风时，无论是对室内空间增压还是稀释氡气，都可能需要确定建筑外墙的气密性。通常，风机门（也称为鼓风门）用于此目的（ASTM 2003b）。风机门还可用于确定需要多少通风量才能达到所需的室内降氡量。测量空气流量可以得到原始通风量的信息，从而得到通风系统对室内氡浓度的潜在影响。

● 在机械通风的建筑物中，用氡连续测量仪有利于确定机械通风系统是否对室内氡浓度有效果。如果氡气的进入与机械通风系统的操作有关，在采取其他措施之前，可以先考虑调整机械通风系统。任何通风系统的调整不应造成其他问题，应由了解通风系统和熟悉有关法规与标准的机械承包商进行调整工作。

- 如怀疑建筑材料释放氡气，须按第 2.2.4 节所述进行测量。
- 如怀疑来自私人或非公共井水，应采集水样并在实验室进行分析。

3.3.2 降氡措施

最经济的降氡措施应当综合考虑住房与建筑特征、区域气候、氡来源和迁移机制。常用降氡技术的总结见表 10。其中安装费为有经验的降氡承包商的费用。对于复杂的建筑物，或者某一种方法不能产生足够的效果时，可以采用防氡与降氡组合技术（BRE 1998、Henschel 1993、Pye 1993、Roserens 2000、Welsh 等 1994）。一般来说，降氡系统可分为以下几类。

表 10　常用的降氡技术、性能和成本 [a,b]

技术	典型降氡百分比/%	典型安装费用/欧元 [c]	典型运行费用/欧元 [d]	备注
主动土壤减压（高到低孔隙率的底板）[e]	50～99	850～2 700	50～275	在多孔石底板填料层、地下水控制部件和/或穿孔水仓中放置抽吸底板
主动土壤减压（非常低孔隙率的底板）[e]	50～99	850～2 700	50～275	也被称为底板减压
主动土壤减压（膜下减压）[e]	50～99	1 100～2 700	50～275	在可接近的架空层内，暴露的土壤上放置一层薄膜，并在薄膜下方进行抽吸

续表

技术	典型降氡百分比/%	典型安装费用/欧元[c]	典型运行费用/欧元[d]	备注
地板下主动通风	50～99	550～1 600	50～275	用风机对分隔土壤和占用空间的难以接近的空间加压或减压（注意：管道是否暴露在冰冻条件下）
地板下被动通风	0～50	0～550（增加额外通风口）	可变	在长期采暖地区和非气密性地板的家庭是无效的（注意：管道冻结）
氡井	60～95	2 150～4 300	可变	在多孔的土壤中最有效（如，蛇形丘，一种狭长曲折的地形）。可用于减少氡进入多户住宅
土壤增压	50～99	550～1 600	50～275	在氡浓度中等高的多孔土壤和与混凝土板接触的不透气的土壤中最有效
与土壤接触的架空层增压	50～99	550～1 600	150～550	当与土壤接触的空间相对气密，且与室外和其他室内空间隔离时，该方法最有效
使用空间的被动通风	可变/短暂	无	100～750	供暖与制冷的损失；特别是在恶劣的气候条件下不是一个持久的降氡措施
使用空间的主动通风	30～70	225～2 700	7～550	范围从一个非常小的送风机[f]到平衡热回收通风机（两者都连续运行）

a 美国 EPA（2003 年）已报告有关数据，并已作出修改，使其与芬兰和英国的数据相似。

b 两种主要降低水氡的技术是曝气与活性炭过滤，未在本表中列出。

c 当需要对房屋进行装修、当地降氡需求量较高以及/或者缺少专业人员时，安装成本可能会更高。

d 根据对气候（温和）、房屋大小以及当地电力和供暖燃料成本的假设，计算出风机电力和房屋供暖/制冷损失成本。

e ASD 是指主动土壤减压。由于 ASD 是最常见的降氡技术，因此在本表中突出强调。

f 小型送风机将用于对与地面接触的空间进行微小增压。

a. 主动土壤减压

如前所述，主动土壤减压（ASD）是已建房屋中最常见的降氡方式。在降氡方面，由于其在各种房屋和其他建筑中的高可靠性，ASD 是应该首先考虑的方法。世界卫生组织（WHO 2007）的一项调查显示，主动土壤减压是下列国家降氡的主要措施：奥地利、比利时、芬兰、德国、挪威、斯洛文尼亚、瑞典、英国和美国。这些系统的具体配置取决于地基特性（例如，地下室、地板和架空层）。

与新建筑物相比，在已建建筑中使用主动土壤减压措施的主要困难如下：

- 建筑物最低楼层下面的材料的渗透性非常有限，因此可能需要安装污水坑或抽吸坑（以增加抽吸的底板表面面积），或需要调整 ASD 风机的大小；
- 很难封闭土壤和使用空间的孔隙；
- 可能很难安装排风管道。

b. 使用空间的通风

使用空间的通风可以通过风机主动通风，或人为开窗，或通风口进行被动通风。被动或自然通风对氡控制效果的证据有限（Cavallo 等 1991，1996）。但是，在例如爱尔兰这样的温和气候下，通风被用作一种有效的降氡方法（Synnott 2004，2007）。在机械通风的学校和其他大型建筑中，采用通风降氡的方法比在小型房屋中更为常见（WHO 2007）。风机驱动的通风可以减少土壤和占用空间之间的压力差，并稀释进入室内的氡。当涉及下列一项或多项因素时，这些系统更有效果：

- 氡的主要来源是建筑材料；
- 建筑物处于不需制热和制冷的温和气候条件下，通风具有较低的能耗；
- 室内空气质量存在多重问题；
- ASD 行不通或不足以降低氡浓度。

考虑到机械通风的优缺点，机械通风可分为以下三种模式。

（1）排气通风，使室内空气压力低于土壤和室外，几乎从不用于氡控制，特别是在以炎热和寒冷主导的气候区。

（2）送气通风（或强制通风）使室内空气压力高于土壤和室外，以及稀释进入室内的氡。框注 3 给出了一个成本估算示例。送气通风可能带来风险，例如，在炎热气候下，冷凝水会损坏建筑围护结构。但是，英国和瑞士已成功使用小型送风机来降低室内氡。反对者认为，住户必须维护过滤器并使所有门窗保持关闭才能有效（Clarkin 等 1992）。在较冷的气候下，风机需要配备加热元件。

（3）平衡排气通风使室内相对于土壤和室外既不加压也不减压。这种通风方式会在氡进入建筑物后将其稀释。在炎热和寒冷的气候条件下，通常使用热量或能量回收通风机进行平衡通风，以减少能耗。

框注 3　送气通风的成本估算案例

风机通过使室内相对土壤轻微加压或降低室内空气负压来降氡。在英国，氡浓度高达 750 Bq/m^3 的房屋中使用了最大输出量为 52 L/s 的风机，将氡浓度降低到 200 Bq/m^3 的参考水平以下。这些系统的安装成本约为 500～750 美元，每年运营成本约为 10～15 美元。

c. 表面密封

密封室内和土壤之间表面的缝隙是一种有争议的独立降氡技术，它的效果有限。例如，1 500 个应用案例中只有 1 例成功，因此不建议使用密封（Turk 等 1991，USEPA 1993）。在芬兰，仅密封可将室内氡浓度降低 10%至 30%（Arvela 和 Hoving 1993）。挪威建议将密封作为第一步，然后在必要时采取其他降氡措施（SINTEF 2007）。当与主动土壤减压一起使用时，密封可提高系统性能。但作为一种独立的降氡措施，很难采用密封与土壤接触的表面来阻止压力驱动的氡进入。

d. 水处理

在极少数的情况下，大量的氡气可以通过来自私人钻井的井水输送到室内，并释放到室内空气中。这种情况下，可以使用水处理来降低室内空气的氡浓度。水中氡的健康风险主要是吸入而不是摄入。减少井水中的氡进入室内的主要措施如下。

- 曝气：将密封容器中的水进行鼓泡，或将水喷入空气中，或者进行跌水曝气，使水中的氡排到室外；
- 活性炭颗粒过滤可降低氡的含量，且价格便宜。

Dembek 等（1993）和世界卫生组织饮用水质量指导标准（WHO 2005）提供了关于降低水中氡的详细信息。

参考文献

American Association of Radon Scientists and Technologists (2006). *Active Soil Depressurization Radon Mitigation Standards for Low Rise Residential Buildings*. AARST, Fletcher, NC.

American Society for Testing and Materials International (2003a). *Standard Practice for Installing Radon Mitigation in Existing Low-Rise Residential Buildings*. ASTM (E2121-03), West Conshohocken, PA.

American Society for Testing and Materials International (2003b). *Standard Test method for Determining Air Leakage Rate by Fan Pressurization*. ASTM (E779-03), West Conshohocken, PA.

American Society for Testing and Materials International (2007). *Standard Practice for Installing Radon Mitigation Systems in Existing Low-Rise Residential Buildings*. ASTM (E1465-06), West Conshohocken, PA.

Arvela H, Hoving P (1993). *Finnish experience in indoor radon mitigation*. The Sixth InternationalConference on Indoor Air Quality and Climate IV: 563-568, Helsinki.

Bohac D et al. (1992). *The energy penalty of sub-slab depressurization radon mitigation systems*. Proceedings of the 1992 International Symposium on Radon and Radon Reduction Technology, US Environmental Protection Agency (2: 7.37-7.55), Research Triangle Park, NC.

Brennan T, Osborne M, Brodhead B (1990). *Evaluation of radon resistant new construction techniques*. Proceedings of the 1991 International Symposium on Radon and Radon Reduction Technology, US Environmental Protection Agency (5: 8.1-13), Research Triangle Park, NC.

Building Research Establishment (1998). *Guide to Radon Remedial Measures in Existing Dwellings: Dwellings with Cellars and Basements*. BRE, Watford.

Cavallo A, Gatsby K, Reddy T (1991). *Natural basement ventilation as a radon mitigation technique*. Proceedings of the 1991 International Symposium on Radon and Radon Reduction Technology, US Environmental Protection Agency (2: Preprints IV: 1-24), Research Triangle Park, NC.

Cavallo A, Gatsby K, Reddy T (1996). Comparison of natural and forced ventilation for radon mitigation in houses. *Environment International*, 22: Supplement 1: 1073-1078.

Clarkin M, Brennan T, Osborne M (1992). Proceedings of the 1992 International symposium on radon and radon reduction technology. US Environmental Protection Agency (2: 11.37-11.50) Research Triangle Park, NC.

Dembek Z et al. (1993). *A comparison of radon-in-water mitigation systems*. The 1993 International Radon Conference (VI: 75-82), American Association of Radon Scientists and Technologists, Denver, CO.

Dewey R, Nowak M, Muraine D (1994). *Radon mitigation effectiveness in new home construction: Passive and active techniques*. The 1994 Annual Radon Symposium (V: 1.1-1.8), Atlantic City, NJ.

DSMA ATCON (1982). *Final report on investigation and implementation of remedial measures for the radiation reduction and radioactive decontamination of Elliot Lake Ontario*. Atomic Energy Control Board, Ottawa.

European Commission (1999). *Radiological protection principles concerning the natural radioactivity of building materials*. Radiation Protection 112, EC, Luxembourg.

Flater D, Spencer J (1994). *Evaluation of radon mitigation systems installed in Iowa*. The 1994 Annual Radon Symposium II (6.1-6.6), Atlantic City, NJ.

Gammage R, Wilson D (1990). *Performance experience with radon mitigation systems.* The Fifth International Conference on Indoor Air Quality and Climate, Toronto.

General Administration of Quality Supervision (2000). *Standard guide for radon control options for the design and construction of new low-rise residential buildings* (GB/T 17785-1999), Beijing.

General Administration of Quality Supervision (2002). *Indoor air quality standard* (GB/T 18883-2002), Beijing.

Gessall TF, Lowder WM (1980). *Natural Radiation Environment III* (Proceedings of a Symposium Held at Houston, Texas April 23-28, 1978). US Department of Energy Technical Information Center, 2: 1444-1445.

Henschel D (1993). *Radon reduction techniques for existing detached houses: technical guidance for active soil depressurization systems* (Third Edition), US Environmental Protection Agency (EPA/625/R-93/011), Washington, D.C.

Henschel D (1995). Re-entrainment and dispersion of exhausts from indoor radon reduction systems: Analysis of tracer gas data. *Indoor Air*, 5 (4): 270-284.

Henschel D, Scott A (1991). *Causes of elevated post mitigation radon concentrations in basement houses having extremely high pre-mitigation levels.* Proceedings of the 1991 International Symposium on Radon and Radon Reduction Technology 2, U.S. Environmental Protection Agency (Preprints IV.1-17), Research

Triangle Park, NC.

Naismith SP, Miles JCH, Scivyer CR (1998). The influence of house characteristics on the effectiveness of radon remedial measures. *Health Phys*, 75: 410-415.

Neznal M et al. (2004). *The new method for assessing the radon risk of building sites*. Czech Geological Survey, Prague.

Pye PW (1993). *Sealing cracks in solid floors: A BRE guide to radon* remedial measures in existing dwellings. Building Research Establishment, Watkins.

Roserens GA et al. (2000). *Swiss Radon Handbook*. Swiss Federal Office of Public Health, Bern.

Saum D (1991). Mini fan for SSD radon mitigation in new construction. *Proceedings of the 1991 International Symposium on Radon and Radon Reduction Technology*, US Environmental Protection Agency (4: VIII.5-10), Research Triangle Park, NC.

Saum D (1993). *Failure models for residential passive stack radon control*. The 1993 International Radon Conference VI: 22, American Association of Radon Scientists and Technologists, Denver, CO.

Scott A (1979). *Comments on subfloor ventilation*. Proceedings of the II Workshop on Radon and Radon Daughters in Urban Communities Associated with Uranium Mining and Processing, Atomic Energy Control Board Report, 1164-72.

Scott A (1993). Causes of Poor Sealant Performance in Soil-Gas-Resistant Foundations. *Indoor Air*, 3 (4): 376-381.

Scivyer C (2007). *Radon: Guidance on Protective Measures for New Dwellings*. HIS BRE Press, Bracknell, Berkshire.

Scivyer C, Noonan K (2001). Long term durability of UK radon protection measures. *Environmental Management and Health*, 12 (5): 510-515.

Synnott H et al. (2004). Radon in Irish primary and post-primary schools: the results of a national survey. RPII-04/02, (http://www.rpii.ie/Download/Radonin Schools.pdf).

Synnott H et al. (2007). The effectiveness of radon remediation in Irish schools. *Health Physics*, 92 (1): 50-57.

The Foundation for Scientific and Industrial Research at the Norwegian Institute of Technology (2007). *Guidelines for Preparation of SINTEF Technical Approval for Radon Membranes*. SINTEF (NTH), Oslo.

Somlai J et al. (2005). Radiation dose from coal-slag used as building material in the Transdanubian region of Hungary. *Radiat Prot Dosimetry*, 118: 82-87.

Turk BH et al. (1991). Effectiveness of radon control techniques in fifteen homes. *J Air Waste Manage Assoc*. 41 (5): 723-734.

United States Environmental Protection Agency (1993). *Radon Reduction Techniques for Existing Detached Houses: Technical*

Guidance (Third Edition) for Active Soil Depressurization. UPEPA Publication 625-R-93-011, Washington D.C.

United States Environmental Protection Agency (2003). *Consumer's Guide to Radon Reduction.* USEPA Publication 402-K-03-002, Washington D.C.

Welsh PA, Pye PW, Scivyer CR (1994). *Protecting Dwellings with Suspended Timber Floors: A BRE Guide to Radon Remedial Measures in Existing Dwellings.* Building Research Establishment, Watkins.

Yull GK (1994). *Reentry of Radon from Mitigation System Outlets.* The American Society of Heating, Refrigerating and Air-Conditioning Engineers (ASHRAE) Transactions, V 100: 595-602.

World Health Organization (2005). *Guidelines for drinking-water quality (Third Edition).* WHO, Geneva.

World Health Organization (2007). *International Radon Project Survey on Radon Guidelines, Programmes and Activities.* WHO, Geneva.

4. 氡控制的成本—效益

关键信息

■ 随着一个地区平均氡浓度的增加，预防措施的成本—效益也随之提高。但是，许多情况下，在所有新建建筑物中安装防氡膜等防氡措施是最划算的手段。

■ 已建建筑降氡的成本—效益很大程度上受到识别高氡住宅所花成本与降氡成本的影响。

■ 即使成本—效益分析表明全国范围内的氡补救方案没有效益，但在氡浓度高的地区，仍应采取补救措施。

■ 成本—效益分析是评估现行政策的有效工具，它还可以为降低风险提供更新和更经济的方法。

■ 成本—效益分析为决策者在评估政策与备选方案时提供有用的信息，但也存在不确定性和局限性。因此，应谨慎解释和沟通此类分析结果。

本章将经济评价作为一种系统性的方法，评估不同预防和补救行动的成本和收益。本章首先阐述经济评价的关键要素，特别是成本—效益的分析方法，以及这种方法与氡行动的相关性。然后，简要回顾了经济评估在降氡问题上的应用，通过一个案例研究说明了成本—效益分析所需的数据类型、表述结果的方法以及如何解释这些结果。本章最后针对氡政策的制定和评估，以及如何使用成本—效益分析提出了建议。

4.1 成本—效益分析的框架

经济学的前提是我们生活在一个资源稀缺的世界，个人、组织和政府必须对稀缺资源的分配做出选择。分配决策可能受到许多因素的影响，如果不使用某种形式的决定规则，就可能会导致不均衡或浪费。成本—收益分析（CBA）是许多国家提倡帮助制定政策的方法，这种方法中，分析师试图将特定政策或行动相关的所有成本和收益进行货币价值评估。是否建议实施取决于估计的成本是否超过收益的价值。第一次明确使用这种方法可追溯到 20 世纪 30 年代的美国，政府试图改善关于“新政投资”的开支决策（新政是美国政府在 20 世纪 30 年代为帮助经济走出衰退而推出的一系列措施），例如防洪措施（Porter 1995）。CBA 随后用于评估重大投资决策，如地铁扩建、国际机场和高速公路选址以及道路安全和环境保护。

但是，对于景观、多样性物种、人类生活等事物，难以指定其货币价值，这阻碍了 CBA 的广泛接受与采用。特别是在医疗卫生领域，长期时间以来，分析师提倡一种更为有限的评估技术，称为成本—效益分析，它避免了 CBA 的一些困难。成本—效益应用于医疗卫生决策可追溯到 20 世纪 60 年代，其主要特点在 1977 年的一篇有影响力的文章中阐述（Weinstein 和 Stason 1977）。推荐的成本—效益分析方法仍在不断发展，但在关键要素上已达成国际共识（Gold 等 1996，Drummond 等 2005）。

成本—效益法的前提是，要求资源分配决策以预期效益相关的成本为指导。但是，在成本—效益分析中，并没有对这些收益进行货币价值评估；相反，针对各种行动或政策，计算净健康成本与净健康效益（即有利结果减去任何不利结果，如副作用）的比率，并提供可计算和优先排序的指标。

4.1.1 用质量调整寿命年作为结果衡量标准

原则上，成本—效益分析的效应指标可以多种多样，如病例数、死亡数、疾病症状或氡降低百分比。通常只能使用相同的结果衡量标准在不同行动之间进行比较。不能直接比较一项以避免 1 个癌症病例行动的成本—效益与另一项以避免每天无心脏病症状行动的成本—效益。因此，这个领域工作的研究人员提倡一种包括生命数量（以生命年表示的生存数量）和生命质量的综合评价方法。为此，研究人员引入了质量调整寿命年（QALY）的概念，原则上应保证能对旨在促进健康的政策所采取的大多数行动进行比较。

为了说明 QALY 的应用，假设一位生命质量“一般”的 70 岁女性。如果完全健康的寿命质量为 1，死亡为 0，她的寿命质量被判断为 0.85，即每个公历年相当于 0.85 个质量调整寿命年。如果她中风导致残疾，她的预期生命从 15 年减少到 8 年，且如果残疾后的寿命质量被判断为 0.6，那么她的质量调整预期寿命将从（15 × 0.85）= 12.75 QALY 下降至（8 × 0.6）= 4.8 QALY，预期生命缩短和寿命质量降低导致了（12.75 – 4.8）= 7.95 QALY 的损失。

另一个评价指标伤残调整寿命年（DALY），是在 20 世纪 90 年代初，世界银行采用的一个指标，主要用于提供全球疾病负担研究，告知各项研究和政策的重点，并为不同发展阶段的国家推荐干预措施（Murray 等 1994、World Bank 1993）。但是，DALY 较少用于健康干预措施的评估。

在分配资源时，QALY 或 DALY 作为结果指标的优势在于，采用死亡率和发病率可以评估预防或治疗任何疾病的干预措施，允许对改善健康的许多替代资源进行比较。通过比较成本—效益比率和系统地选择那些更有利的方案，可以从特定预算中获得总体健康最大化。无论使用 QALY 还是 DALY，方法都是相似的；主要区别在于，在 QALY 框架内，成本—效益比率是获得的每个质量调整寿命年的成本，而在 DALY 框架内，该比率将是可避免每个伤残调整寿命年的成本。在下面的例子中，使用了 QALY，但是整个方法并不依赖于此选择。因此，成本—效益分析可以帮助促进卫生资源的分配效率，为评估新干预措施或政策的成本和收益提供了有用的框架。

用一个简单的例子说明如何在氡预防和降氡方面采用成本—效益方法，在给定的预算范围内获得最大的健康效益。假设在一个现场研究中已经证明了一种新的降氡措施有效，而辐射防护机构要求在所有以前没有做过防护的学校建筑采用这项措施，但是，不会提供额外预算。首先，必须评估所有可能方案的总体成本和效果。假定共有 10 个不同的方案，每个方案的成本—效益各不相同，由此可以计算出每个方案的成本—效益比率，即将方案的成本除以其效益（每种情况下，与下一个最佳方案相比较，额外成本除以额外收益）。表 11 列出了对不同类型的住房、工作场所和学校进行 10 种假设干预措施的结果。可以看出，10 种方案的成本—效益差别很大，从大约 6 700 欧元（方案 3）到 62 500 欧元（方案 7）不等。

将表 11 按照干预措施的累计成本—效益重新排序，得到表 12。所有方案的总成本为 970 万欧元，与没有开展方案情况相比，总共获得了 681 个 QALY。图 7 中的曲线是成本—效益的边界线，横轴为累计 QALY，纵轴为累计成本，表示在一定资源下使用现有方案可以获得的最大健康收益。按照成本—效益的顺序添加每个方案，每个点代表累计成本和累计效益。任何两点之间的斜率与该方案的成本—效益之比相同。这条曲线下面和右侧是现有方案无法达到的更高收益，而曲线上面和左边的任何点可以在相同或者更低成本下得到更多利益。

表 11　10 项干预措施的成本、效果和成本—效益

项目	总成本/千欧元（QALY）	增量效益（成本/QALY）	成本—效益（成本/QALY）
1	1 200	140	8 571
2	700	27	25 926
3	800	120	6 667
4	800	18	44 444
5	2 000	85	23 529
6	500	64	7 813
7	1 000	16	62 500
8	1 100	85	12 941
9	1 400	102	13 725
10	200	24	8 333
总计	9 700	681	

表 12　按成本—效益排序的 10 项干预措施

项目	总成本/千欧元	累计成本/千欧元	效益（QALY）	累计效益（QALY）	成本—效益（成本/QALY）
3	800	800	120	120	6 667
6	500	1 300	64	324	7 813
10	200	1 500	24	348	8 333
1	1 200	2 700	140	260	8 571
8	1 100	3 800	85	433	12 941
9	1 400	5 200	102	535	13 725
5	2 000	7 200	85	620	23 529
2	700	7 900	27	647	25 926
4	800	8 700	18	665	44 444
7	1 000	9 700	16	681	62 500
总计		9 700		681	

表 13　新方案推行后的成本、效果和成本—效益

项目	总成本/欧元	累计成本/欧元	效益（QALY）	累计效益（QALY）	成本—效益（成本/QALY）
3	800	800	120	120	6 667
6	500	1 300	64	324	7 813
10	200	1 500	24	348	8 333
1	1 200	2 700	140	260	8 571
11	1 800	4 500	170	518	10 588
8	1 100	5 600	85	603	12 941
9	1 400	7 000	102	705	13 725
5	2 000	9 000	85	790	23 529
2	700	9 700	27	817	25 926
4	800	10 500	18	835	44 444
7	1 000	11 500	16	851	62 500
总计		9 700		817	

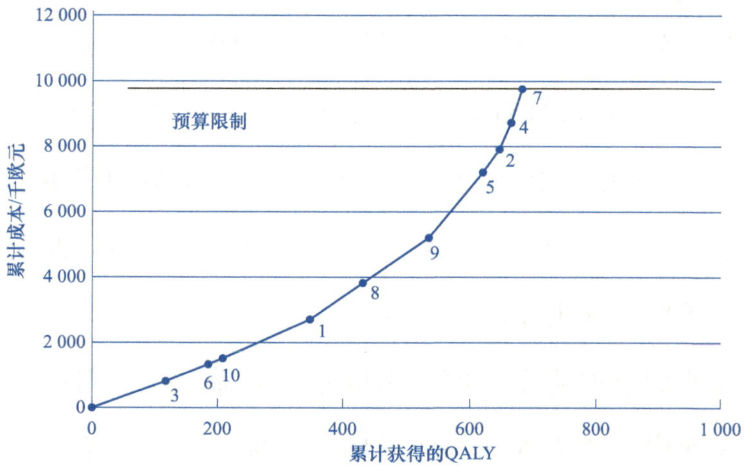

图 7　成本—效益曲线

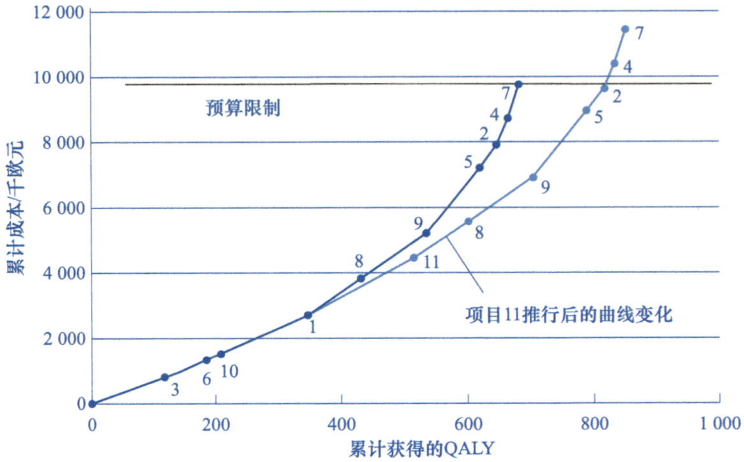

图 8　新方案推行后的成本—效益边界的转变

将一个新的方案（方案 11）引入这个例子。方案 11 每年总成本为 180 万欧元，实施后获得 170 QALY 的收益，使得每个 QALY 的成本—效益增加 10 600 欧元。如表 13 所示，方案 11 比已有的方案更好，方案 11 排名在方案 3、6、10 和 1 之后，而成本—效益最低的方案 4 和 7 超出预算限制而被取消。尽管放弃了方案 4 和方案 7，获得的总 QALY 从表 11 的 681 上升到表 13 的 817，而支出仍然在 10 000 欧元的预算之内。图 8 为扩展的成本—效益曲线，表示相同的资源可以获得更多的健康收益。两条曲线之间的面积表示增加的健康收益。

上面的例子说明了如何使用成本—效益方法来帮助确定新政策的优先次序。首先评估与实现同一目标的其他政策相比，这项政策是否具有成本—效益，其次是帮助确定可能被驳回的成本—效益较低的活动。

4.2 以往对防氡降氡的经济评价

在过去 20 年中，已经报道了一些降氡方案的经济分析评价，包括对已建建筑物的补救和对新建筑物的预防，其中只有少数发表在同行评议的期刊或国际会议的论文集上。由于有些只作为国家报告的一部分发表，且大多不是以英文发表，因此大多数分析不容易获得；另一些因为是基于简化的假设和计算，以及关于补救或预防措施成本的数据有限，或多或少为有限的分析，而不是全面的成本—效益分析。假设和分析设计的差异使得这些分析很难进行比较。因此，这里只讨论在国际同行评议期刊上发表的一些较全面和最新的分析。（Castren 1994、Colgan 和 Gutierrez 1996、Coskeran 等 2005、2006、Denman 等 2005、USEPA 1992、Field 等 1996、Ford 等 1999、Kennedy 等 1999 和 2001 及 2002、Letourneau 等 1992、Maecinoewski 和 Napolitano 1993、Maringer 等 2001、Moeller 和 Fujimoto 1988、Mossman 和 Sollito 1991、Stigum 2003 和 2004）。

氡预防和补救措施的成本—效益既可用预防肺癌死亡的成本衡量，也可用获得每个寿命年的成本衡量。在一些分析中，通过进一步考虑氡补救对个人寿命质量及其持续时间的影响，将成本—效益量化为获得每个质量调整生命年（QALY）的成本。大多数研究的结果是，每个质量调整寿命年要花费 15 000～55 000 欧元，与已建住宅的补救措施相比，新建住宅的预防措施通常花费最低。

由于房屋类型和建筑结构的不同，以及降氡经验和成本—效益措施相关标准说明的差异，各国的防氡降氡的成本各不相同。一些国家制定了全面的氡计划，以合理的成本提供测量和降氡服务，从而降低了每个质量调整生命年（QALY）的成本。在不同国家、不同地区的氡水平差异对分析也有影响。一般来说，在氡水平最高的地区，获得每个 QALY 的费用最低。

不同国家肺癌发病率和吸烟习惯的差异，以及在分析中使用不同的风险模型/数据也会影响经济评价。以往的分析都没有用欧洲、北美洲和中国最新的联合研究的肺癌风险数据（Darby 等 2005、Krewski 等 2005、Lubin 等 2004）。这里讨论的大部分研究都得出结论，在 5%住房氡浓度超过 200 Bq/m^3 的地区，对所有新建房屋采取预防性措施具有成本—效益。对已建房屋而言，在一些低风险地区的测量费用可能会高于降氡费用，由于与需要降氡的房屋数相比，需要测量的房屋数更多。在一些国家，超过参考水平的测量房屋中，只有不到 20%的房屋采取了补救行动，如果这些地区低于 5%的房屋受到影响，那么每对 1 个房屋采取补救行动将有 100 多个房屋需要测量。这些地区，测量成本将远远高于平均补救成本。

4.3 成本—效益分析示例

本节中，通过英国的一个例子说明了成本—效益分析。报告的数字和结果是真实的，但目的是引起人们对方法而不是结果的注意，因为不同的环境和国家，结果可能会有所不同。下文针对分析的必要步骤、数据输入影响与分析、风险因素、暴露水平和主要结果进行讨论和描述。

4.3.1 成本—效益分析的步骤

第一步：确定评价方案

成本—效益是一种比较法，用来比较特定政策或行动方案与其他备选方案的成本和效益。备选方案可能是现有的或新的政策，或无效的政策。这个例子中，我们考虑两种情况。

（1）在预计至少有 3% 的住房氡浓度超过 200 Bq/m^3 的地区，对新建住房采取防氡措施的成本—效益，与不进行防氡措施相比。

（2）在预计 5% 或以上的已建住房氡水平超过 200 Bq/m^3 的地区，邀请住户测试其住房的氡水平，如果发现住房的氡水平超过 200 Bq/m^3，则采取补救行动，将其成本—效益与不采取任何行动进行比较。

两种方案的前提是有充分的调查数据来评价。如果没有这些数据，就有必要对备选方案进行评价，或将获得这些数据的成本纳入成本—效益分析。

第二步：明确研究角度

成本—效益分析中的支出范围非常广泛，涵盖各种不同的成本，包括不同政府机构产生的费用、私人支出，以及由于发病和过早死亡造成的收入损失等费用。分析的结果取决于研究的角度。从社会的角度来看，所有的成本都应包括在内，但卫生部门等机构可能只对该部门的成本支出感兴趣。本案例的成本包括由地方和中央政府机构提供申请和检测负担或节省的直接费用、房主支付的预防或补救措施的费用，以及为照顾肺癌患者的医疗服务费用和预防肺癌的情况下照顾延长生命患者所产生的费用，但社会保障成本和福利等项目通常不包括在成本—效益分析中。

第三步：明确时间范围，折现未来的成本和利益

成本—效益分析应采用足够长的时间分析范围，涵盖评估方案中所有主要成本和收益。因为氡的暴露会影响终生的肺癌风险，从而影响预期寿命，氡的预防和补救可能是一个终生的过程。因此，必须在同一时期评估维持和运行积极的防氡和降氡措施的成本。在本例中，考虑了 85 年时间的氡补救的成本与效益。

在实际中，推行预防或补救计划并将其扩大到全面开展需要花费一定时间。此外，家庭对氡测量建议或相关信息的反应，以及采取何种预防或补救行动都可能延期。最后，在氡暴露量的降低和癌症发病率的变化之间也有潜伏期，本例中没有对它们正式建模。由于预防和补救等许多方案的成本和收益随时间而变化，因此有必要用现值来表示。这不仅是简单的求和问题，因为每个人通常有明确的时间偏好：也就是说，偏好现在的收益超过未来的收益，偏好将来成本超过现在的成本。因此，建议使用核准的年度折现率对未来成本和收益进行折现。本例中，所有未来成本

和收益都使用英国健康技术评估建议的年度折现率 3.5%进行计算。折现的结果是，比如说，一个现在可避免的癌症病例比一个 50 年后可避免的病例受到重视。但同样地，未来的成本比现在产生的成本受到重视。

第四步：用清晰和全面的方式报告结果的不确定性

成本—效益的结果可能会受到大量不确定因素的影响，例如输入参数不够精确。分析这些因素的方法之一是单因素敏感性分析，即保持其他变量不变，在一个合理的范围内只对其中关键的输入变量变化，评估其对结果的影响。另一个更全面的评估方法是概率敏感性分析或概率不确定性分析（Doubilet 等 1985、Claxton 等 2005），从指定的分布或范围中随机抽取围绕中心估计值的所有参数，在每次估计中记录增量成本、效果和成本—效益分析并反复进行，以获得增量的成本和效益关系。本文介绍的单因素敏感性分析和概率分析，采用的变量包括每增加 100 Bq/m^3 氡浓度所导致的肺癌相对风险，补救措施的降氡百分比，每户房屋的氡预防和补救初始费用及运行成本、肺癌病例的护理成本和延长寿命的护理成本。显然，还有许多其他不确定因素，例如可能存在某种阈值或非线性的暴露—反应关系，或吸烟率、家庭人数、预期寿命，以及防氡降氡技术成本—效益的未来变化。

根据上述步骤，本书的成本—效益分析基于电子表格模型，在是否采取氡预防或补救的情况下评估特定人群中的预期癌症死亡人数。然后，结合氡的测量、补救行动和肺癌治疗信息，计算与没有降氡相比，降氡方案的成本—效益增量。成本—效益为计算成本净变化与结果净变化的比率，结果（可避免肺癌病例）用获得的 QALY 表示，这将有利于把降氡的成本—效益与其他公共卫生干预措施进行比较。

4.3.2 数据要求

表 14 为估计成本—效益所需的一些主要数据参数，以及示例中使用的值。英国总人口规模以及按年龄和性别细分的肺癌死亡人数的数据来自 2004 年英国国家统计局（ONS 2006）。不吸烟者的肺癌发病率数据来自美国癌症协会，由美国卫生与公众服务部公布（USDHHS 1996），将美国的氡浓度平均水平调整为英国的氡浓度平均水平。从 2004 年（ONS 2006）的家庭普查中得到吸烟率（经常吸烟者/不吸烟者的百分比，经常吸烟者按年龄和性别分为现在吸烟者和以前吸烟者）。

用可归因于或不可归因于吸烟的全因死亡率数据，分别计算男性和女性有吸烟史者和从不吸烟者死于肺癌时的预期寿命（Peto 等 2006）。为了简便，假设所有肺癌病例都会死于肺癌（1998—2001 年英国肺癌的 5 年生存率调查结果显示，男性为 6%，女性 7%）。假定氡诱发的肺癌死亡与非氡诱发的肺癌死亡年龄结构相似。每例肺癌死亡所损失的质量调整寿命年根据死亡时剩余预期寿命估算，分别计算吸烟者和不吸烟者因肺癌死亡而损失的质量调整寿命年。

表 14　成本—效益模型的输入数据

输入的变量/参数	数值
人群特征（用年龄别比率）	
预期寿命：出生时（男/女）	76/81
现在吸烟者的占比：20～34 岁（男/女）	34/29
每 10 万人的肺癌发生率：65～70 岁者（男/女）	217/132
因肺癌死亡的平均年龄（男/女）	72/73
每例癌症死亡者平均质量调整寿命的损失：不吸烟者 经常吸烟者 全部	10.6 8.8 9.0
氡水平	
评定区域的算术平均氡浓度，未校正/（Bq/m^3）	70.1
测量房屋中超过参考水平 200 Bq/m^3 所占比例/%	5
补救前房屋氡浓度算数均值 等于或大于参考水平，校正值/（Bq/m^3）	265
补救措施氡浓度的降低率/%	85
补救后平均氡浓度水平，校正值/（Bq/m^3）	40
住户特征	
2001 年的平均家庭人数	2.3
家庭平均占用率/%	70
接受检测的家庭比例/%	30
检测超 200 Bq/m^3 的家庭决定采取补救的比例/%	20
用户成本	
邀请每户进行检测的成本，每户/英镑	1.6
每户氡浓度测量的成本/英镑	39

续表

输入的变量/参数	数值
用户成本	
每户补救成本（首次）/英镑	729
每户 85 年的补救成本，包括替换/维护成本/英镑	1 687
在延长寿命阶段城镇居民年度人均医疗卫生支出费用/英镑	7 517
平均每名肺癌患者健康保险/临终关怀方面的费用/英镑	18 087

4.3.3 氡浓度

氡浓度可能超过指定参考水平的住宅比例以及那些超过该水平的氡浓度是根据该地区测量的氡浓度平均值，假设氡浓度为对数正态分布，根据左截断预期值计算（Gunby 等 1993）。根据 Darby 等（2006）提出的方法，对测量的氡浓度进行修正。决定采取补救措施的家庭可能不是所有家庭的氡浓度平均值超过参考水平，可以对此进行调整。

通过预防或补救行动减少的氡浓度将取决于所采取的措施。在这里，举一个已建住宅补救的例子，1998 年的一项研究中，针对近 1 000 个家庭采取了一系列降氡措施，氡浓度降低率平均为 85%，平均成本为 630 英镑，或者按照 2006 年的价格调整后约为 729 英镑（Naismith 等 1998）。英国的另一项研究，针对 62 户北安普敦郡的房屋样本，也有类似结果（Kennedy 等 1999）。补救后氡浓度的降低率以及采取这些措施的成本，取决于所采取行动的类型和地方或国家情况，包括典型的成本水平。这个例子中，针对新建住宅的防氡措施，主要包括安装地板防氡膜，除了在施工中密封管道，还需要在建筑施工过程中采取正常的防潮措施，以及在管道穿透处密封。这项技术的成本估计在100～200英镑，并假设安装好膜的地板可以减少约50%的氡进入新建房屋（Naismith 1997）。

还需要每个家庭平均人数的信息。这根据家庭类型而变化，或者随着时间的推移而变化，或者使用更详细的年龄和性别构成信息。根据相关数据，这里家庭平均人数使用2.3的平均值。平均住房占用率为70%，对应于每天大约17 h，与2005年全国时间使用调查结果一致（ONS 2007）。

对于旨在补救现有住房的方案来说，一个重要的参数是受邀测试住房接受补救措施比例：在这个分析中，使用了30%，与现有方案的结果一致（Department of the Environment 2000）。更重要的是，氡浓度超过了规定的行动水平的房主中决定采取补救措施的比例：这里使用了20%，也与以前的调查一致（Bradley 和 Thomas 1996）。

邀请家庭进行测试的成本设定为1.60英镑，具体包括管理费、邮费和材料费，这是基于报道的其他筛选项目的成本（Garvican, 1998）。采用固体核径迹探测器对一户两居室住宅进行连续3个月的氡测量，2006年的价格为39英镑，包括探测器的邮递、布放、测读、报告费用（DEFRA 2005）。

肺癌诊断、治疗和随访的费用估算基于1999年发表的一项研究（Wolstenholme 和 Whynes 1999），现已更新到2006年。在延长预期寿命期间发生的额外医疗费用采用按年龄划分的国家人均医疗支出数据（Department of Health，2007）。健康经济学家对于是否将这些成本纳入经济评估存在一些分歧。

4.3.4 风险评估

为了评价通过预防或补救措施所减少的氡致肺癌的病例数量，采用了两种分析方法：1）数据来自欧洲联合研究（Darby 等 2006），居室中长期平均氡浓度每上升 100 Bq/m^3，发生肺癌的风险增加16%；2）美国氡暴露健康风险委员会（BEIR VI）根据矿工数据联合研究提出的风险评价模型，指出肺癌死亡率随累积氡暴露量呈线性变化，累积氡浓度根据到达年龄、暴露后的时间以及氡浓度或暴露持续时间进行修正（National Research Council，1999）。这里使用氡浓度的变量。

4.3.5 结果

表15为上述分析的一些结果，采用欧洲联合研究的风险评估。本例中，在没有任何预防措施的情况下，在至少3%住房氡浓度可能超过200 Bq/m^{3}的地区，每个新住宅都安装了防氡隔膜。对已建住宅，邀请住户测试氡的目标地区是5%的住房氡浓度预计超过200 Bq/m^{3}的地区。

表 15　英国氡补救项目的成本—效益分析结果

基本情况	新建住房	已建住房
终生累计肺癌风险/%——不吸烟者	1.05	1.38
终生累计肺癌风险/%——经常吸烟者	14.31	18.36
终生累计肺癌风险/%——全部	8.11	10.51
补救处理后		
终生累计肺癌风险/%——不吸烟者	1.01	1.03
终生累计肺癌风险/%——经常吸烟者	13.80	14.07
终生累计肺癌风险/%——全部	7.81	7.96
每个补救家庭的健康收益		
可避免的肺癌病例	0.007	0.06
获得的总寿命年	0.08	0.67
获得的总寿命年——折现后	0.03	0.23
获得的平均 QALY（可避免的每例肺癌病例）	8.99	8.99
获得的总 QALY	0.06	0.53
获得的 QALY 总质量调整寿命年——折现后	0.02	0.18
每户补救成本及资源利用		
邀请检测数	0	333
邀请费/英镑	0	533
氡检测数量	0	100
氡检测费用/英镑	0	3 876
氡补救成本——折现后	100	1 687
合计：邀请、测试和补救费用——折现后/英镑	100	6 097
可避免的肺癌的治疗费用——折现后/英镑	38	360
延长预期寿命期间的其他医疗保健费用——折现后/英镑	202	1 718
净成本——折现后/英镑	264	7 454

续表

基本情况	新建住房	已建住房
成本—效益		
获得每个生命年的成本增量——折现后/英镑	9 824	32 614
获得每个 QALY 的成本增量——折现后/英镑	12 526	41 584

根据流行病学研究的风险估计直接评估居室氡的肺癌风险，预防前，氡浓度的肺癌累积终生风险在防氡政策覆盖的地区为8%，而在预防目标地区为11%；预防后，采取预防措施的家庭终生风险下降到7.8%。这相当于一个平均规模的家庭减少了0.01例肺癌病例，也就是说，相当于获得了0.06个QALY，或折现后未来获得0.02个QALY。

针对降氡政策，终生风险的变化相当于平均规模家庭减少0.06例肺癌病例，相当于增加了0.53个质量调整寿命年，或者增加了0.18个折现质量调整寿命年。本例中，降氡政策的成本仅是防氡膜的成本，为100英镑，加上预期寿命延长期间肺癌病例的医疗费用202英镑，减去减少的肺癌病例节省了38英镑，每户总的净费用为264英镑。

针对补救政策，使用上述接受率和补救率，长期平均氡浓度为64 Bq/m^3，333份检测邀请中有100个家庭接受检测，发现5个家庭的氡浓度超过200 Bq/m^3，1个家庭采取补救。邀请费是533英镑，检测费用是3 876英镑。这些费用加上补救费用，成本共需要6 097英镑，加上预期寿命延长期间肺癌病例的医疗费用1 718

英镑，减去降氡后减少的肺癌病例节省了 360 英镑，每一户的净费用为 7 454 英镑。

结合上述报告的增量效果和成本（即与没有该政策相比，补救政策的额外成本和效果），预防政策的增量成本为每个质量调整生命年 12 500 英镑，补救政策为 41 600 英镑。

这些成本—效益是否被认为可接受，取决于国家、环境和其他因素。在英国，预防效果较差，而补救行动将达到或超过 NICE[①]等成本报销或监管机构考虑的国家卫生服务机构所支付的卫生干预措施的成本—效益的水平。来自该机构的证据表明，一旦获得每寿命年或每 QALY 的成本—效益超过 25 000～30 000 英镑（Rawlins 和 Culyer 2004），干预措施可能会因成本—效益低而遭到拒绝。

如果分析中使用的假设和参数值发生变化，结果可能会改变。图 9 为预防政策的单因素敏感性分析结果，在这个模型中，输入成本—效益的一系列参数，每次变化一个参数，并在合理的上限和下限之间变化，并记录对成本—效益结果的影响。可以看出，结果对预防措施的成本、降低风险的效果和氡的相对风险特别敏感。这种分析可有助于确定可提高成本—效益的领域：例如，降低补救行动的成本，或在氡水平较高的家庭中提高住户的补救率，可大大提高补救方案的成本—效益。

① 英国国家卫生与临床技术优化研究所。

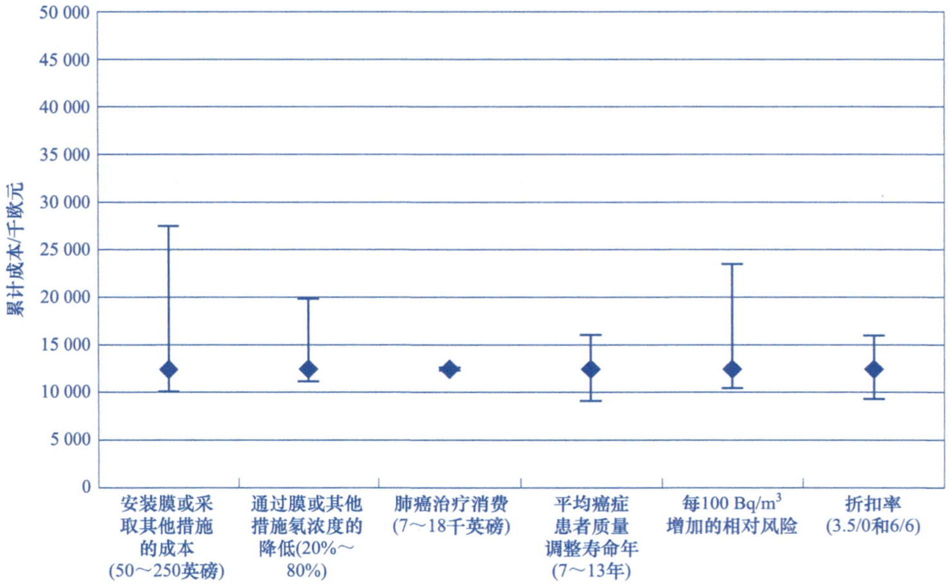

图 9　单因素敏感性分析结果

4.3.6 建议

上述例子很简单，只是为了说明问题。实际中，这种成本—效益分析必须探索许多其他因素，如不同类型的预防或补救行动的成本和效果，在不同氡水平和分布的地区获得的结果，以及对当前和未来吸烟模式的不同假设。分析还假定，预防或补救行动正在一个独立的，半独立的或典型的一层，两层或三层的公寓中进行；针对多层公寓楼，以及作为工作环境的建筑物，如工厂、办公室、医院和学校，需要不同的参数值和分析。

这里氡的预防和补救方案只能减少氡暴露，从而降低肺癌风险；但是，也可能存在其他好处，例如减少潮湿和湿度问题。这些可以被量化并纳入完整的分析。任何情况下，健康经济学家的建议都有利于实施和解释成本—效益分析项目。

成本—效益分析可以为寻求评价政策和备选办法的决策者提供有用的信息，但它们受到不确定性和局限性的影响。因此，应该对结果进行仔细地解释和沟通。这些结果不可能是决策的唯一依据。例如，成本—效益主要与效率有关，但公平或公正对决策者来说可能也很重要。

即使成本—效益分析表明，在全国范围内实施补救方案没有正当理由，但对于高氡地区而言，高水平的氡可能对个体造成相当大的肺癌风险，这种风险被认为不可接受，这种情况下，仍然应当采取补救行动。

参考文献

Biological Effects of Ionizing Radiation VI (1999). Health Effects of Exposure to Indoor Radon. National Research Council 1999, Committee on Health Risks of Exposure to Radon: BEIR VI, National Academy Press. Washington, D.C.

Bradley EJ, Thomas JM (1996). An analysis of responses to radon remediation advice. National Radiation Protection Board (NRPB-M707), Chilton, Oxfordshire.

Castrén O (1994). Radon reduction potential of Finnish dwellings.

Radiat ProtDosimetry, 56: 375-378.

Claxton K et al. (2005). Probabilistic sensitivity analysis for NICE technologyassessment: not an optional extra. Health Economics, 14 (4): 339-347.

Colgan S, Gutierrez J (1996). Cost-effectiveness of reducing radon exposure in Spanish dwellings. J Radiol Prot, 16 (3): 181-190.

Coskeran T et al. (2005). A new methodology for cost-effectiveness studies of domestic radon remediation programmes: quality-adjusted life-years gained within primary care trusts in central England. Science Tot Environm, 366: 32-46.

Coskeran T et al. (2006). A cost-effectiveness analysis of radon protection methods in domestic properties: a comparative case study in Brixworth, Northamptonshire, UK. J Environ Radioact, 91 (1-2): 73-89.

Darby S et al. (2005). Radon in homes and lung cancer risk: a collaborative analysis of individual data from 13 European case-control studies. BMJ, 330: 223-227.

Darby S et al. (2006). Residential radon and lung cancer-detailed results of a collaborative analysis of individual data on 7148 persons with lung cancer and 14, 208 persons without lung cancer from 13 epidemiologic studies in Europe. Scand J Work Environ

Health, 32 (1): 1-83.

Department for Environment, Food and Rural Affairs (2005). Obtaining radon measurements, DEFRA, London.

Denman A et al. (2005). Evaluating the health benefits and cost-effectiveness of the radon remediation programme in domestic properties in Northamptonshire, UK.Health Policy, 73: 139-150.

Department of Health (2007). The government's expenditure plans: departmental report 2007: Department of Health. Department of Health, London.

Department of the Environment (2000). Review and evaluation of the radon remediation pilot programme. DETR Report DETR/RAS/ 00.004 DETR, London.

Doubilet et al. (1985). Probabilistic sensitivity analysis using Monte Carlo simulation. A practical approach. Med Decis.Making, 5 (2): 157-177.

Drummond MF et al. (2005). Methods for the economic evaluation of health care programmes, 3rd Edition. Oxford University Press, Oxford.

Field K et al. (1996). Cost-effectiveness of measures to reduce radon in existing dwellings. Department of the Environment, London.

Ford ES et al. (1999). Radon and lung cancer: A cost-effectineness analysis.Am J Publ Health, 89 (3): 351-357.

Garvican, L (1998). Planning for a possible national colorectal cancer screening programme, J.Med Screen, 5 (4): 187-194.

Gold MR et al. (1996). Cost-effectiveness in Health and Medicine. Oxford University Press, New York.

Gunby JA et al. (1993). Factors affecting indoor radon concentrations in the United Kingdom. Health Phys, 64 (1): 2-12.

Kennedy CA et al. (1999). A Cost-effectiveness analysis of residential radon remediation programme in the United Kingdom. Br J Cancer, 81: 243-247.

Kennedy CA, Gray AM (2001). Cost-effectiveness analysis of radon remediation programmes. Science Tot Environm, 272: 9-15.

Kennedy CA et al. (2002). The Cost-effectiveness of residential radon remediation programmes: assumptions about benefits stream profiles over time. J Environ Radioact, 59: 19-28.

Krewski D et al. (2005). Residential radon and risk of lung cancer. A combined analysis of seven North American case-control studies. Epidemiology, 16: 137-145.

Letourneau EG et al. (1992). Cost-effectiveness of radon mitigation in Canada. Radiat Prot Dosimetry, 45 (1-4): 593-598.

Lubin JH et al. (2004). Risk of lung cancer and residential radon in

China: pooled results of two studies. Int J Cancer, 109: 132-137.

Maecinowski F, Napolitano S (1993). Reducing the risks from radon. Air & Waste, 43: 955-962.

Maringer FJ et al. (2001). Results and conclusions of the Austrian radon mitigation project 'SARAH'. Science Tot Environm, 272 (1-3): 159-67.

Moeller DW, Fujimoto K (1988). Cost evaluation of control measures for indoor radon progeny. Health Phys, 46: 1181-1193.

Mossman KL, Sollito MA (1991). Regulatory control of indoor Rn. Health Phys, 60: 169-176.

Murray CJL, Lopez AD, Jamison DT (1994). The Global Burden of Disease in 1990: Summary Results, Sensitivity Analyses, and Future Directions. Bulletin of the World Health Organization, WHO, 72 (3): 495-508.

Naismith SP (1997). Durability of radon remedial actions. Radiat Prot Dosimetry, 71 (3): 215-218.

Naismith SP, Miles JC, Scivyer CR (1998). The influence of house characteristics on the effectiveness of radon remedial measures. Health Phys, 75 (4): 410-416.

National Research Council (1999). Committee on Health Risks of Exposure to Radon: BEIR VI. Health Effects of Exposure to Radon.

National Academy Press, Washington D.C.

Office For National Statistics (2006). Living in Britain: the 2004 General Household Survey. ONS, London.

Office For National Statistics (2007). Time Use Survey 2005. ONS, London.

Peto R et al. (2006). Mortality from smoking in developed countries 1950-2000. 2nd edition, Oxford University Press, Oxford.

Porter TM (1995). Trust in Numbers: The Pursuit of Objectivity in Science and Public Life Princeton: Princeton University Press.

Rawlins MD, Culyer AJ (2004). National Institute for Clinical Excellence and its value judgments. BMJ, 329 (7459): 224-227.

Stigum H, Strand T, Magnus P (2003). Should radon be reduced in homes？ A cost-effect analysis. Health Phys, 84 (2): 227-235.

Stigum H, Strand T, Magnus P (2004). A cost-effect analysis of an intervention against radon in homes. Norsk Epidemiologi, 14 (2) 193-198.

United States Department of Health and Human Services (1996). Changes in Cigarette-Related Disease Risks and Their Implication for Prevention and Control. USDHHS, US Government Printing Office, Bethesda, Maryland.

United States Environmental Protection Agency (1992). Technical

Support Document for the 1992 Citizen's Guide to Radon, USEPA Publication 400-R-011, Washington, D.C.

Weinstein MC, Stason WB (1977). Foundations of cost-effectiveness analysis for health and medical practice. N Engl J Med, 296: 716-721.

Wolstenholme JL, Whynes DK (1999). The hospital costs of treating lung cancer in the United Kingdom. B J Cancer, 80 (1-2): 215-218.

World Bank (1993). World Development Report 1993: Investing in Health. World Development Report-550 (12183), Oxford University Press, New York.

5. 氡风险沟通

关键信息

- 氡的风险和防护信息的沟通面临严重挑战，因为氡并不广为人知，而且可能不被公众视为健康风险。
- 除了告知公众，氡风险沟通的首要目标为说服决策者氡是一种需要采取行动的重要公共卫生问题。
- 有效的风险沟通需要组织之间的合作、清晰且协同的信息，以及招募具有良好社会信誉的合作者。
- 作为氡风险沟通的一部分，建议针对目标受众制定一套核心信息。这些信息应该易于理解、简要且切中要害。
- 强烈建议开展受众对氡的认知和知识水平评估。这一评估在开展风险沟通活动前后都应该进行。

本章旨在为制定氡的风险沟通计划提供指导。本章还将对不同的沟通技巧和策略提供建议。本章的信息是基于一般的沟通原则和一些有较为完善的氡计划国家的经验。我们认识到，本指南可能需要根据一个国家或地区普遍存在的文化、社会和经济情况进行调整。本章将探讨与公众如何沟通关于氡相关的健康风险以及国家氡计划的目标。

与公众进行清晰有效的沟通应该是国家氡计划的首要目标。本章将探讨向公众传达风险的基本步骤。这些步骤的主要组成部分包括：评估公众对风险的认知、清晰易懂的风险信息、确定目标受众，并在某些情况下使用比较法（例如，氡致肺癌与其他来源的肺癌比较），以阐明氡暴露相关的风险。

5.1 基础、策略、渠道

在沟通中，信息的内容和语境同等重要。因有不同受众接收氡的风险信息，考虑他们认知氡风险的方式非常重要。正如第 5.2 节阐述，风险对不同的人有不同的定义。在建立有效沟通时，重要的是激发信任、保持专注，并保持公开对话（WHO 2002）。为了激发信任，沟通者必须称职、尊重他人、诚实、和蔼，并使用清晰易懂的语言。细心的沟通者会明智地选择自己的用语，积极倾听，细心地观察受众的反应和情感流露，积极主动地征求意见，形成信息共享和反馈互动的氛围（WHO 2002）。

当选择沟通者时，重要的是要选择一个善于人际沟通、了解主题知识和可信的人。沟通者需要记住，在试图建立信任时，非语言沟通和语言沟通同样重要（USEPA 2007，WHO 2007）。

根据美国 EPA（2007）的经验，在风险沟通方面存在一些常见的误解，比如“你无法预测人们会问什么”和“风险沟通更容易引起恐慌而让人们冷静不下来”。事实上，已有证据表明，如果沟通者做好充分准备，就有可能预测出95%的争议问题和担忧。其他资料介绍了一般风险问题和更专业的辐射风险问题的例子（WHO 2007，USEPA 2007）。

在评估风险沟通时，涉及三个主要组成部分：风险评估、风险感知和风险管理（WHO 2002）。每个部分都包含许多特征。风险评估用来描述不良结果可能性的过程。通过科学的评估确定风险后，决策者就可以制定风险管理计划。风险感知不仅包括公众的感知，公众感知会受到他们经历的其他危险和风险的影响（Slovic 1987），它还考虑了经济和政治因素。通过获取知识和积累信息，公众的认知会随着时间推移而变化。风险管理包括政策制定者和政府机构如何应对公众的风险评估和风险感知。政府机构可以通过制定新的法律或政策作出响应。该风险管理部分将对氡计划的方向产生影响。

除了告知公众，氡风险沟通的一个主要目标应该是说服国家和地方政府的决策者氡暴露是一个重要的公共卫生问题，需要采取行动。下面第 6 章讨论了在国家和地方政府层面应采取的行动。

瑞典等一些国家的经验表明，说服决策者通过监管手段采取行动比仅针对一般公众的风险沟通更有效。但是，提高公众对降低居室氡水平必要性的认识仍然是一项重要策略。政府选择采取什么样的沟通策略，将取决于：

- 一个国家氡问题的严重程度；
- 氡计划的总体目标；
- 沟通的目的；
- 计划预算；
- 参考水平；
- 该国的建筑规范。

沟通渠道和方法应该是被动沟通（提供信息但没有与信息提供者对话）和主动沟通（提供信息且接受者可以与提供者进行互动和对话）相结合（WHO 2002）。具体示例见表 16。

一些国家具有完善的氡计划。这些国家使用了不同的策略和沟通渠道。此处给出了一些示例：

- 通过提供培训课程，向房屋建造和装修人员进行宣传；
- 采取主动和被动的沟通方式通过媒体传播信息（见表 16）；
- 通过举办氡宣传日或氡论坛等年度活动，以在适当的时间间隔重复信息；
- 利用具有公信力的间接目标人群，例如医生和老师；
- 在不同的政府部门之间建立交流渠道，制定可行的监管政策。

表 16　不同的沟通参与技巧

被动沟通	主动沟通
直接邮寄（例如说明书、小册子）	当地电台的“电话连线”环节
巡回展演	使用第三方关系网（例如在社区小组会议上举行简报会）
电脑网站	
报纸广告	提供信息热线或帮助热线
建筑业展会信息展台	举行会议或公开听证会
与媒体直接联络（例如新闻稿）	记者采访（例如电台、电视台）

5.2　氡风险沟通问题的设计

氡风险沟通计划必须有明确和可实现的目标。目标应侧重于向不同的目标受众告知氡的风险（见第 5.4.1 节），并说服这些受众采取行动。一项氡风险沟通计划还应该由技术专家（如辐射防护专家、流行病学家）和传播专家（如社会科学家、心理学家、记者）（WHO 2002）共同参与制定。在传播有关氡对健康影响的信息时，应当指出，即使在专业健康风险评估的背景下，“风险”一词也有许多定义。一般来说，对于个人的风险陈述，要求描述伤害的概率或可能性以及伤害的严重程度。就氡而言，其主要危害是肺癌，这是一种痛苦而致命的疾病。

框注 4 提供了一个关于室内氡暴露的风险信息示例，用作沟通活动的一则基本信息。

框注 4　基本风险沟通信息示例

> “目前还没有氡暴露无风险的已知阈值。居室氡浓度越低，风险越低。”

5.2.1　氡的肺癌风险

如第 1 章所述，国际癌症研究机构（IARC）和世界卫生组织癌症研究所，将氡归类为已被证实的人类致癌物，并将氡与烟草烟雾、石棉和苯归为同一类致癌物（IARC 1988）。室内氡的暴露是全世界肺癌死亡的最重要原因之一。事实上，大多数与氡有关的肺癌死亡将发生在室内氡浓度低于通常使用的室内氡参考水平的人群中。这些观察结果不仅涉及到氡风险沟通策略，而且对国家氡计划也有影响。根据现有数据，美国 EPA 估计，美国每年约有 21 000 例肺癌死亡归因于室内氡（USEPA 2003）。欧洲 25 个国家也作了类似的估算（Darby 等 2005）。这些估算结果表明，全世界每年都有成千上万的氡相关肺癌死亡病例。

从流行病学的角度来看，风险有多种表达方式。其中之一是相对风险（RR），即将特定氡浓度的风险（暴露时间约为 30 年）与指定较低水平（通常在 10～15 Bq/m^3）下的预期风险进行比较。RR 为 1 表示暴露者的相对风险没有增加。居室氡流行病学研究中，发现风险随氡浓度的增加而增加，也就是说 RR＞1。氡浓度每增加一个单位（例如，每 100 Bq/m^3），超额相对风险度（ERR＝RR－1）

也相应增加。计算这些风险估计的置信区间有助于对结果的统计学意义进行评价。

例如，在第 1 章所述，欧洲的研究（Darby 等 2005）估算，长期平均氡浓度每增加 100 Bq/m^3，肺癌的 ERR 为 16%（95% 的置信区间为 5%～31%）。ERR 不随年龄、性别或吸烟史而变化。北美洲和中国的研究也得出了类似的结果（Krewski 等 2005、Lubin 等 2004）。

相对危险度等概念可能难以向公众解释，为了进行有效的风险沟通，最好用绝对值来表示风险。例如，人群中每年与氡暴露的有关病例的绝对数量可能更容易理解。同样，针对暴露于不同氡浓度的吸烟者和非吸烟者进行终生风险估计，可能是向公众沟通氡风险的另一种有效方式。通过综合氡和吸烟的危害信息，强调氡暴露增加吸烟者肺癌风险的事实，有助于禁烟和降氡两方面的宣传。

5.2.2 吸烟与氡的协同效应

另一个需要沟通的重要信息是肺癌风险与氡和吸烟之间的关系。流行病学研究表明，在任何氡暴露水平下，吸烟者的绝对风险远远大于从未吸烟者或以前吸烟者，这突显了氡暴露和吸烟之间的协同效应。例如，在欧洲的研究中，氡浓度为 0 Bq/m^3、100 Bq/m^3 和 400 Bq/m^3 时，每天吸烟 15～24 支的吸烟者相对于从不吸烟且不接触氡的人的癌症相对风险估计分别为 26、30

和 42。对于从不吸烟者，相应的相对风险估计分别为 1.0、1.2 和 1.6。后一组数值表明，即使对于从不吸烟者，氡暴露量增加引起的肺癌风险也不容忽视。

对于目前吸烟者（约 1 包/天），在氡暴露量为零的情况下，75 岁时的累计绝对肺癌风险估计约为 10%。而对于长期暴露于氡浓度为 800 Bq/m^3 的吸烟者来说，这一风险增加了 1 倍多，达到 22%。据估计，终身不吸烟者相应的绝对风险分别为 0.4% 和 0.9%。氡对以前吸烟者的风险介于当前吸烟者和从不吸烟者之间。框注 5 列出了可能有助于沟通氡暴露和吸烟与肺癌相关信息的示例。

即使未证实环境烟草烟雾（ETS）和氡之间存在协同效应，也应通过有效的烟草控制措施和室内空气质量计划继续阻止 ETS 暴露（WHO 2008、Bochicchio 2008）。

框注 5　解释氡与吸烟之间关系的信息示例

> “大多数与氡有关的肺癌死亡发生在现在和既往吸烟者中。”
>
> “氡暴露会增加每个人患肺癌的风险，无论他们是现在吸烟、以前吸烟还是从不吸烟者。”

5.2.3　比较氡相关风险与其他来源的癌症风险

将氡引起的肺癌死亡率估计值与国家或区域的其他癌症联系起来，可以成为一种有效的氡风险沟通工具。肺癌死亡是许多国家癌症死亡的最大组成部分。根据流行病学研究，估计 3%～14% 的肺癌死亡与氡有关。因此，室内氡暴露对公众健康构成重大危害。就绝对值而言，与氡相关的肺癌死亡率可能高于许多其他癌症的死亡率。例如，美国每年因氡导致肺癌死亡的人数约为 21 000 人，高于卵巢癌、肝癌、脑癌、胃癌或黑色素瘤在内的几种常见癌症年死亡人数（Field 2005）。在欧洲，氡导致肺癌死亡人数约占所有癌症死亡人数的 1.8%，2006 年上升到约 3 万人。这一数字与食道癌、口腔癌和咽癌的死亡人数相当，大约比黑色素瘤的死亡人数高出 50%（Darby 等 2005、Ferlay 等 2007）。如框注 6 所示，这些信息可以用作氡风险沟通信息。

框注 6　风险比较的信息沟通示例

> “在欧洲，死于氡相关肺癌的人数要比死于黑色素瘤的人数多得多。”

5.3　氡风险沟通的核心信息

向公众提供易于理解的信息是一项挑战。这需要简化信息，并以有利于目标受众的方式进行描述。可以用简单的语言解释氡问题，并用广为人知的事例进行比较。例如，氡的年辐射剂量可与常规胸部 X 射线摄影等常见医学诊断的辐射剂量进行比较。如果存在良好的癌症风险数据，将氡引起的肺癌风险与上述其他癌症风险进行比较可能更有用。在某些情况下，与日常见的风险（如道路交通事故）进行比较也可能有用。

氡风险沟通应侧重于少数核心信息，这些信息准确反映当前的科学共识，并用简单易懂的语言表达。信息的形式应适合每个目标受众。作为氡风险沟通计划的一部分，建议制定一套核心信息。框注 7 给出了示例。在编写信息时，保持信息的简单、简短和切中要害很重要（USEPA 2007、WHO 2007）。

框注 7　氡风险核心信息示例

“氡导致肺癌”

“氡是一种存在于居室的放射性气体”

“氡易于检测”

“你可以很容易地保护你的家人免受氡的伤害”

所有氡风险沟通信息都应经过测试，并根据各个目标受众进行调整。信息的透明度有助于提高其有效性。重要的是要使用可靠且权威的信息传播者（例如地方卫生部门、医生、学校教师）和适当的传播渠道。信息沟通的成功将取决于对目标受众的接受度、沟通者和受众之间的信任关系以及信息的清晰度（WHO 2007）。

在与公众沟通时，简单的非定量信息，如框注 8 中给出的示例，可用来强调氡暴露与吸烟之间的协同效应。

框注 8　简单的非定量信息示例

“氡会进一步增加吸烟者患肺癌风险，但不管你是否吸烟，氡暴露会增加你患肺癌的风险。”

住宅的氡测量后，可以向住户提供一份简单的氡风险和补救措施情况介绍，以使他们能够并鼓励他们做出应采取何种行动（如有）知情决定。事实资料是向公众传达信息的最好方法。可在公共卫生办公室、承包商办公室、医院、学校、地方和国家政府办公室提供含有核心信息的简单事实资料。

5.4　沟通活动

5.4.1　确定目标受众

氡风险沟通活动的一个重要组成部分是确定希望告知的目标受众，并说服他们采取必要的行动保护自己免受氡的危害。这些目标受众可分为以下两大类（直接或间接）。不同情况下一些目标受众视为属于其中一类或两类。然而，这两种分类有助于沟通策略的规划。表 17 列举了直接和间接两类目标受众的示例。

表 17　不同目标受众分类

直接类	间接类
建造和改造自己住宅的人	政府和政策决策者
房主	当地政府
租户	金融机构
吸烟者	法律顾问、律师
建筑师和工程师	医生、护士、药剂师等
建筑商和建筑公司	教师
金融机构	媒体
房地产公司	自动售货商店
当地政府	专业协会

第一组是直接类，通过其行动可直接降低肺癌风险。直接降低风险可通过多种方式来实现，例如通过降氡技术来减少已建住房中的氡暴露，或者通过在新建住宅中使用隔膜或安装土壤减压系统等有效的防氡技术。监管部门和财政政策同样起着十分重要的作用。另一方面，个人选择也是一个重要因素。吸烟者被列入直接类别，因为只要他们决定减少室内氡暴露，无论是否停止或减少吸烟，都可能显著降低他们患肺癌的风险。

第二组是间接类，无论通过其决策还是强调氡问题的行动，都将有助于提高和改善公众的认识和观念，从而有助于促进社区预防和减少氡暴露。

应当指出的是，银行和信贷机构也被视为重要的目标受众，因为他们在确保今后建造的住宅采用有效的防氡技术方面可以发挥潜在作用。如果能够说服这些金融机构要求对其有经济利益的房地产进行氡测量，这一行动将有助于引起公众对氡问题的关注。在一些国家，氡测量已经成为买卖房屋所需程序的一部分，例如在美国和英国。

5.4.2 氡风险认知评估

为了有效进行氡危害信息的沟通活动，首先需要了解并评估目标受众对氡的认知和相关知识水平。最容易且最经济的评估方法是进行公众调查（WHO 2006）。风险沟通活动前后都应进行调查，以帮助设计、评估和改进沟通活动。这样的调查也有助于追踪整个活动的结果。

根据目标受众的不同，此类调查可能包括以下问题：

- 氡的基本知识；
- 氡的来源和输运途径；
- 氡的健康影响；
- 可保护人们免受氡危害的技术手段；
- 采取行动的意愿。

调查的成功和分析能力将取决于调查结果的效率、一致性、分析简易性、时间可比性以及结果的普遍性（WHO 2006）。评估是记录公众知识和评估氡认知的关键组成部分。评估使决策者能够关注并加强沟通计划，并使地方和政府机构能够制定核心信息。如果目标受众对氡问题没有基本了解，活动很可能会失败。在活动之前进行评估，能够将信息集中于其目标受众。同样，在建立沟通活动并向目标受众宣传后，为确定其有效性，很有必要开展重复调查。

评估公众对活动信息的反应是确定该活动是否成功的重要部分。世界卫生组织（2007）指出，进行这项评估需要三个要素。

- 社会活动：这条信息实际传达到了多少人？
- 评估反应：受众有没有反应？
- 评估影响：行为是否有改变？

5.4.3 鼓励公众采取降氡行动

用明确且有效的方式向公众沟通氡风险可能很困难。向公众传播氡风险信息通常不足以促使户主迅速采取行动，无论是氡测量还是降氡行动。降低氡暴露引起的健康负担需要户主做出决定和采取行动。国家氡计划（如第 6 章所述）需要说服公众对新建住宅采取预防措施，对现有住房进行氡测量，并采取行动对房屋进行补救。出于各种原因，从对氡风险的漠视和怀疑补救费用的考虑，一些住在高氡房屋中的人选择不采取任何行动来减少家庭中的氡暴露。

根据一些国家的社会和风险沟通研究，公众和决策者不愿采取氡风险行动，这是氡风险沟通计划（WHO 1993）的一个主要阻碍。与个别户主一样，这种漠视或不愿采取行动的原因很复杂。关于室内氡的常见误解之一是认为室内氡是天然存在的，没有人应该为住宅高氡浓度负责。虽然氡是天然的，但居室的高氡水平并非完全是天然的。室内氡浓度升高是由于人类设计和建造房屋的活动以及居住者的生活习惯造成的。住宅高浓度氡是一种由于技术引起的天然辐射的增加。正如在第 3 章中更详细解释的那样，即使土壤中氡气很有可能造成地面一层氡浓度的增加，但利用现代建筑技术也有可能将室内氡浓度降到可接受的低水平。

一些国家，如美国，多年来一直采用社会营销方法，鼓励个人氡测量并在出现问题时予以解决。社会营销旨在改变目标受众，同时强调利益。事实证明，这种方法比早期的活动更成功，早期的活动主要是向公众宣传氡造成的危害（USEPA 2003、USDHHS 2005）。为了进行有效的风险沟通，必须与其他组织合作，协调信息，并寻求例如医生、教师等具有社会公信力的其他人的帮助。

参考文献

Bochicchio F (2008). The radon issue: considerations on regulatory approaches and exposure evaluations on the basis of recent epidemiological results. *Appl Radiat Isot*, 66 (11): 1561-1566.

Darby S et al. (2005). Radon in homes and risk of lung cancer: collaborative analysis of individual data from 13 European case-control studies. *BMJ*, 330 (7485): 223-227.

Ferlay J et al. (2007). Estimates of the cancer incidence and mortality in Europe in 2006. *Ann Oncol*, 18: 581-592.

Field R (2005). *Current national and international radon-related scientific activities and educational initiatives*. Fifteenth National Radon Meeting, Council of Radon Control Programme Directors, San Diego, California.

International Agency for Research on Cancer (1988). *Man-made mineral fibres and radon*. IARC Monographs on the evaluation of carcinogenic risks to humans, Vol. 43, IARC, Lyon.

Krewski D et al. (2005). Residential radon and risk of lung cancer. A combined analysis of seven North American case-control studies. *Epidemiology*, 16: 137-145.

Lubin JH et al. (2004). Risk of lung cancer and residential radon in China: pooled results of two studies. *Int J Cancer*, 109: 132-137.

Slovic P (1987). Perceptions of risk. *Science*, 23: 280-285.

United States Environmental Protection Agency (2003). *Radon report 2003:* USEPA Publication 402-R-03-003, (http://www.epa.gov/radon).

United States Environmental Protection Agency (2007). *Communicating Radiation Risks*. USEPA Publication 402-F-07-008, USEPA Office of Radiation and Indoor Air.

United States Department of Health and Human Services (2005). *Surgeon General ReleasesNational Advisory on Radon*. USDHHS (http: //www.surgeongeneral.gov).

World Health Organization (1993). *Indoor Air Quality: A Risk-based Approach to Health Criteria for Radon Indoors*. EUR/ICP/CEH 108 (s): 77, WHO Regional Office for Europe, Copenhagen.

World Health Organization (2002). *Establishing a Dialogue on Risks from Electromagnetic Fields*. WHO, Geneva.

World Health Organization (2006). *Health, Hazards and Public Debate: Lessons for risk communication from the BSE/CJD saga*. WHO, Regional Office for Europe, Copenhagen.

World Health Organization (2007). *Effective Media Communication during Public Health Emergencies*. WHO, Geneva.

World Health Organization (2008). *WHO Report on the Global Tobacco Epidemic-The MPOWER package*. WHO, Geneva.

6. 国家氡计划

关键信息

■ 国家氡计划应旨在降低全人群的风险和生活在高氡环境中的个人风险。

■ 为了限制个人风险，建议设定国家氡浓度参考水平为 100 Bq/m^3。即使由于各种原因无法实现，所选择的参考水平也不应超过 300 Bq/m^3。

■ 为了减少全人群的风险，应该实施建筑规范，要求在建造中的房屋采取防氡措施。由于建筑规范本身不能保证氡浓度低于参考水平，因此需要进行氡测量。

■ 详细的国家氡测量指南对确保氡测量的质量和一致性至关重要。国家氡调查是制定国家氡计划的重要依据。

■ 一个有效的国家氡计划需要多个国家机构的共同参与。应由一个机构领导实施和协调，并确保与烟草控制和其他健康促进方案协调。

本章介绍制定国家氡计划的组成部分以及在国家层面组织氡计划的框架，国家氡计划的目标应包括降低暴露于平均氡浓度的全人群风险和生活在高氡浓度中的个人风险。

制定氡计划包括建立一个明确的组织机构，测量氡浓度水平，促进防氡和降氡，并向公众和其他利益方提供氡风险沟通服务。

考虑制定氡计划的国家，第一步是进行评估，最好进行全国氡调查，以获得该国氡浓度的代表性分布。本章为氡调查的总体规划和实施提供了指导，特别是为了获得氡浓度的地质分布，包括可能的高氡潜势区。

同样，本章还提供了设定适当参考水平的指南。参考水平是一个国家强烈推荐或要求采取补救行动的氡浓度。低于参考水平也可以适当采取氡防护措施，以确保居室的氡浓度始终低于该水平。本章还讨论了国家氡分布图的使用，这些是确定氡来源的有效工具。但是，这些分布图不应被理解为室内高氡浓度只会出现在高氡潜势区。

如前所述，一项有效的计划强调新建建筑中氡暴露预防。这对于长期降低供应住房的风险是必要的，强调了在建筑房屋中正确实施防氡措施的重要性。在制定建筑规范或法规以确保新建房屋的氡浓度较低时，有几个因素需要考虑。本章和第 3 章（防氡和降氡）都涉及这些方面。

本章最后概述了如何降低已建住宅中氡浓度的风险，以及补救氡浓度高的住宅时应考虑的因素。

6.1 国家氡计划的组织

如图 10 所示，实施旨在保护公众免受室内氡照射的有效氡计划，需要国家机构和其他利益方的共同参与。包括国家、地区和社区。其他专业机构如地质测量机构、公共和/或私营氡检测机构、建筑企业和科学研究机构、建筑行业以及执行建筑法规规范的机构等，也是影响氡计划的另一个关键要素。各国政府应促进国家

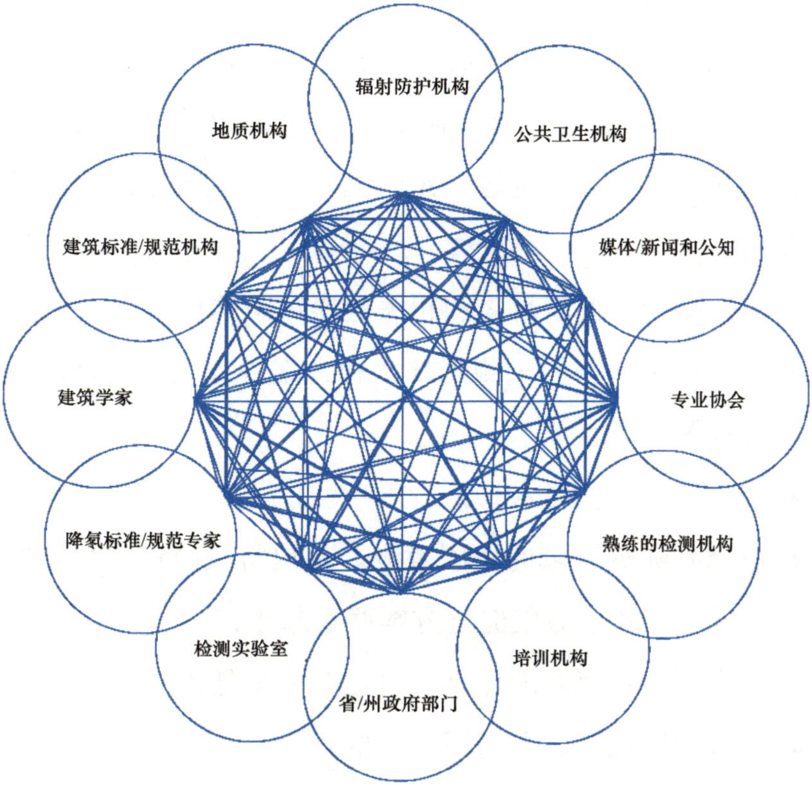

图 10　参与氡计划的国家机构和其他利益方

氡计划的协调行动，并指定一个组织或机构牵头推动和协调计划。该组织应收集全国的数据，以评估计划的有效性。

在计划实施的最初阶段和后续阶段的要求，应对以下内容进行评估。

- 居室氡暴露对人群构成风险的程度，最好采用以居民为基础的全国氡调查；
- 为了发现某些居室和地区是否比其他地区有更大的氡风险，最好是根据地质分布进行氡照射调查。

一旦完成初步评估并确定需要采取进一步行动，就应制定一项全面的国家氡政策，以保护公众免受室内氡的影响。还应考虑评估学校、托儿所和其他公共建筑物中的氡风险，因为人们可能在这些建筑物中度过一定时间。国家氡政策应包括以下重要因素。

- 建立减少人群氡暴露和相关健康风险的框架；
- 规定使用认证的氡测量技术和方案进行全国调查，以确定人们的氡暴露水平；
- 制定居室氡参考水平；
- 考虑到吸烟和氡的协同效应，建议将氡政策与烟草控制和室内空气质量的其他健康促进方案联系起来；
- 建立框架将氡浓度控制在可达到的最低水平；
- 地方和区域部门参与氡计划的规定；
- 向公众和利益方告知氡问题并提高氡认知的计划；
- 对建筑专业人员进行建筑规范和新建住宅防氡以及现有住

宅氡补救培训的规定；为确保氡测量结果准确，必须进行测量培训；

- 一项旨在确保已建住宅氡浓度处于较低水平的计划；
- 重点关注新建住宅（正在建造或改造住宅）防氡措施的计划（参见框注 9）。

框注 9　重点关注新建住宅氡预防措施

如果应用得当，在新住宅中采取防氡措施通常是降低个人住宅氡浓度最经济的方法，从而降低全国平均氡浓度。随着时间的推移，与仅对氡浓度超过参考水平采取降氡措施相比，这种方法将更大程度地减少因氡暴露而导致的肺癌总数。

6.2　国家氡调查

国家氡调查应该使用认证的氡测量设备和技术确定氡浓度分布，以代表全国人口的氡浓度水平。全国氡调查也可能提供地质分布的信息，但调查方案需要适当设计才能实现这两方面的要求。在北美洲和欧洲，测量室内氡气浓度是调查中最常用的方法（Synnott 和 Fenton 2005）。国际放射防护委员会（ICRP）也推荐使用这种测量技术（ICRP 1994）。一项全国氡调查的设计有两个关键目标：

- 估计人群的室内氡暴露平均水平和分布情况。通过采用人口加权法，在所有人群居住区的房屋中随机抽取具有代表性的房屋进行测量来实现；

- 确定国家居室氡浓度较高的地区。这可以通过根据地质分布的氡调查来实现。

这两类调查中，氡浓度测量最好在每户家庭进行一年以上，以尽量减少氡浓度季节变化引起的不确定性。

人口加权调查要选择有代表性的住宅进行测量，因为这些住宅代表了全体居民的住宅。可以根据详细资料，从全国或每个地区/省/镇的住宅（例如房屋和公寓）完整清单中随机选择来完成。这项调查旨在确定一个国家/地区/省/镇人口的氡暴露分布，从而估算平均水平和超过参考水平的住房百分比。在进行此类调查时，很有必要多获取统计学方面的建议，因为许多偏倚可能会影响调查结果。特别是抽样方法的设计，应该选取该国家/地区/省/镇有代表性的住房样本。人口加权调查的结果可用于制作氡分布图，但人口密度较低的地区很难获得满意的结果，这取决于调查的样本量和该地区的人口分布。

为了获得空间上更均匀的氡分布数据，必须根据地质学测量标准选择房屋，以获得每个区域最低数量的样本结果。这个区域可以是规则的（例如网格正方形）或不规则的（例如一个城镇/省行政边界内的区域）或依赖于现有边界（例如给定的地质分类）。网格正方形的实际数量和大小将取决于可用的资金、所需的空间和数据精度以及在计划阶段获得的统计学建议决定。尤其重要的是，调查选取的房屋应能够代表每个地区的房屋，尤其是在测量数量很少的地区。氡分布图可以通过简单的区域值平均或更复杂的方法创建。

人口加权调查可以与根据地质分布的调查同时进行，精心设计的调查可以满足两者的要求和目标。例如，如果有每个地区所有住宅的完整清单（或电子数据库），则可以用基于地理位置的调查获得人口加权氡浓度的分布。用氡分布图可能有助于实施国家氡计划。

由于大多数调查中氡的分布遵循对数正态分布，许多国家使用几何平均值（GM）和几何标准差（GSD）（Miles 1998）报告其汇总数据。但是，为了保持与其他不用 GM 和 GSD 的国家的可比性，可使用 GM 和算术平均值（AM）及其各自的标准差（即 GSD 和 SD）来表示汇总数据。

6.2.1 氡分布图

根据地质的氡浓度调查可估计不同地区的氡分布情况。该信息可以识别高氡潜势区，并可以显示氡预测分布图。如果数据通过合理的设计调查获得，这些分布图可以成为实施国家氡政策的有用工具。氡分布图应用作优化高氡住宅搜索的一种工具，并确定在新施工期间需采取特殊预防措施的地区。英国、美国和爱尔兰根据室内测量已制作了覆盖全国的氡分布图（Miles 等 2007、USEPA 1993、Fennell 等 2002）。

氡分布图可用于识别高风险或高氡潜势区，并促进已建建筑物中的氡测量和降氡，以及在新建筑物中采取预防措施。但是，一个地区的氡浓度水平并不均匀，室内氡浓度通常呈对数正态分布。氡分布图应主要用于将资源集中于高氡潜势区，而不是提示某一地区不需要测量。

美国和欧洲已经有氡调查和氡分布图的报告（USEPA 1993、Dubois 2005）。联合国原子辐射效应科学委员会公布了全球氡调查数据（UNSCEAR 2000，2008）。但是，应谨慎使用这些数据，因为这些数据往往不能代表该国个人住宅的氡浓度。图 11 给出了氡分布图的示例。

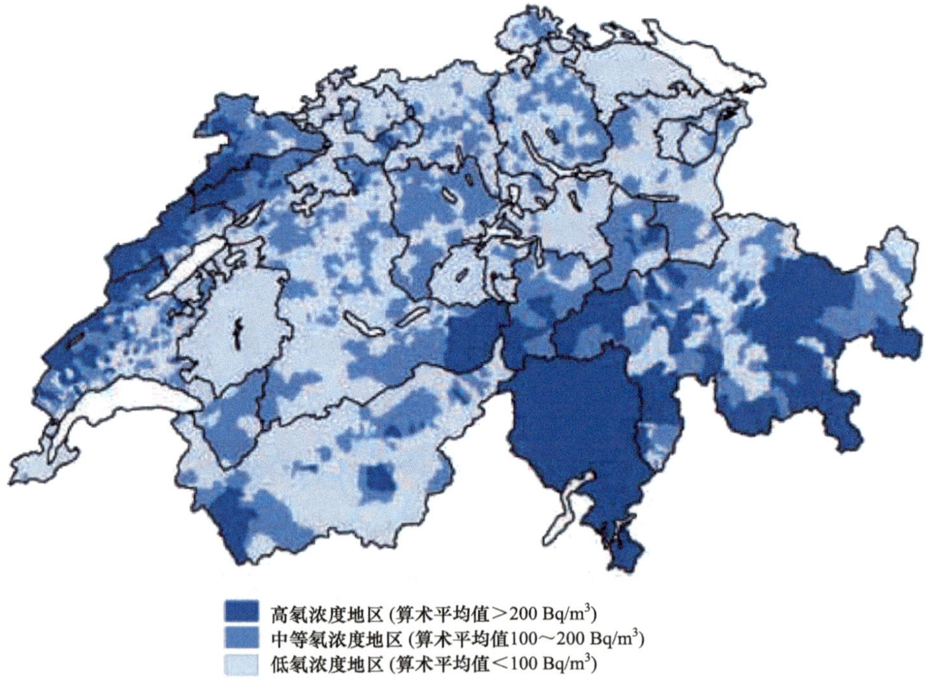

资料来源：瑞士联邦公共卫生局（2009）

图 11　瑞士氡分布图

6.2.2 高氡潜势区

高氡潜势区，由于氡浓度分布呈对数正态分布，氡浓度分布范围可能相当广泛，且大多数值较低。相反，在未划分为高氡潜势区的地区，尽管高氡住宅出现的概率较低，但仍然会有氡浓度高的住宅出现。因此，除了识别高氡潜势区，还应努力识别可能与高氡浓度相关的建筑物特征。

由于土壤氡浓度和室内氡浓度之间存在确定的相关性，可以通过测量室内氡浓度直接识别高氡潜势区，也可以通过测量土壤氡浓度来间接识别。

通过直接测量室内氡浓度或测量土壤中的氡浓度来间接识别高氡潜势区，前提是已建立了两者氡浓度之间的相关性。

美国根据室内氡测量、地质特性、空气放射性、土壤渗透性、房基类型等综合因素绘制了氡分布图（USEPA 1993）。德国氡分布图基于土壤中的氡浓度绘制。奥地利则是根据一个地区的平均氡浓度绘制（Friedmann 2005）。

制定国家政策时，一个重要的考虑因素是如何利用国家氡调查和氡分布图的结果，来确定国内最有可能出现住宅氡水平高的高氡潜势区。

高氡潜势区有各种定义。各国可将高氡潜势区定义为有一定百分比的住房氡浓度超过参考水平的地区，也可以定义不同水平的高氡潜势区。例如，高氡潜势区可分为高、中、低三类。这种定义很复杂，必须考虑许多因素，例如平均氡浓度水平、参考水平、这些地区采取的行动以及这些地区的人口数量。高氡潜势区理论上应该包含该区域大部分氡浓度高的房屋。

如果确定了高氡潜势区，这些地区预计包含了很大比例氡浓度高的住宅，各国应将资源集中这些地区。应该开展提高公众意识的活动，鼓励这些地区的居民测量其住宅中的氡浓度。这些策略应该针对关注公共卫生和住房相关的组织和专业人员，如建筑商、建筑设计师、社区和地方政府部门以及医学界。

6.2.3 氡测量技术和规范

明确规定并定期更新氡测量规范是确保国家氡测量一致性的重要手段。

国家、地区或社区应具体说明以下内容：

- 使用的氡探测器类型；
- 使用的氡测量规范；
- 建议的最短测量周期。对于测量周期少于一年的，应考虑是否应在某些季节进行测量，或是否采用季节修正系数；
- 氡测量实验室应达到质量标准；
- 与住宅房主/住户传达测量结果的方式；
- 应向住宅房主/住户提供的建议，特别是氡浓度超过参考水平时。

应制定质量控制方案，以确保氡测量结果的可靠性。关于氡测量的更多细节，请参见第 2 章。氡检测公司、组织和个人应该具有准确测量氡的能力，可以通过认证或许可来获得资质。

6.3 国家氡参考水平

参考水平代表房屋内可接受的最高年平均氡浓度，是国家氡计划的一个重要组成部分，应由各国在国家层面制定。当氡浓度测量结果超过该水平时，强烈建议采取措施降低氡浓度。瑞典、瑞士和捷克共和国，氡参考水平为强制性执行（Synnott 和 Fenton 2005b）。住宅氡浓度超过参考水平是否建议或强制采取降氡行动取决于各个国家。

国家氡参考水平并没有明确规定安全与危险之间的严格界限，而界定了一个国家可接受的室内氡风险水平。但是，防护措施也适用于低于该水平，以确保住房中的氡浓度远低于该水平。参考水平的概念不同于 ICRP 103 号建议（ICRP 2008）的行动水平概念，行动水平在该建议书发布前已被许多国家采用。此前，只在氡浓度超过行动水平时建议采取补救工作，这给人一种错误的印象，认为这个水平以下的氡浓度是安全的。世界卫生组织对 36 个国家的调查发现，几乎所有国家都将已建住房的参考水平设定在 200～400 Bq/m^3 之间。一些国家为新建和已建建筑设定了不同的参考水平，其中，新建房屋的参考水平较低（WHO

2007）。

如第 1 章所述，肺癌的风险随着长期氡暴露呈线性增加，没有证据表明存在阈值。即使氡浓度低于 200 Bq/m^3，其增加也具有统计学意义。矿工流行病学研究和居室病例—对照氡研究得出的风险估计非常一致。虽然矿工流行病学研究已为评估氡暴露的风险和剂量–效应关系提供了可靠证据，但最近的居室研究结果提供了更直接估算室内氡暴露人群风险的方法，无需从矿工流行病学研究中进行推断（UNSCEAR 2008）。

建议将国家氡参考水平设定为一个合理可行尽可能低的水平。基于室内氡对健康影响研究的最新科学数据，从公共健康角度来看，100 Bq/m^3 的参考水平是合理的，因为预计将有效减少氡对公众的健康危害。即使由于各种原因无法实现，根据 ICRP 最近的计算，选择的参考水平也不应超过 300 Bq/m^3，这相当于每年接受约 10 mSv 的剂量。

制定国家氡参考水平并不断优化的过程，应考虑当前经济和社会环境（ICRP 2008）。此外，还应考虑各个国家的其他因素，如氡的分布、现有高氡浓度房屋的数量、室内氡浓度的水平和吸烟率。对于大多数新建住房来说，实现室内低氡浓度比已建住宅更容易且成本更低。因此，新建和改建建筑物中的氡浓度应明显低于国家氡参考水平。

现有国家氡计划和参考水平在 100～300 Bq/m^3 范围内的国家，应首先通过向业主和租户提供更好的建议和支持，提高其对氡测量的接受度（率）和补救率。例如，据估计，在氡参考水平不变的情况下，如果英国的接受率和补救率翻倍，则每年可避免的肺癌死亡人数将增加 5 倍。若接受率和补救率基本不变，将国家参考水平从 200 Bq/m^3 降至 100 Bq/m^3，则每年可避免的肺癌死亡人数将增加 2 倍（Gray 等 2009）。

国家氡参考水平只是减少氡健康负担的一个工具，因为通常只有一小部分人口暴露于高浓度的室内氡。通过实施适当的建筑法规和标准来降低所有居民的平均氡浓度，是国家氡计划描述和支持的核心方法。

6.4 建筑法规和建筑规范

执行建筑法规或标准，要求在所有新建房屋中采取防氡措施，被认为是保护公众的一种经济有效的方式（参见第 3 章和第 4 章）。如果实施得当，这些措施将随着时间的推移降低全国的氡平均水平，并减少氡浓度高于参考水平的新建房屋数量。

国家、地区或地方政府应考虑制定建筑法规和建筑标准，要求所有新建筑物采取氡防护措施。高氡潜势区可能需要更严格的标准。

为了在新建建筑和已建住宅中正确设计和采取建议的预防和补救措施，需要对降氡专业人员进行培训，并制定相关的培训计划。理想情况下，此类计划应与氡计划一起制定，以便超过参考水平的高氡浓度的住户可使用预防和降氡的基础设施，并能够迅速采取行动降低氡浓度。

确保遵守这些建筑规范和标准非常重要。例如，降氡系统可能没有正确设计和安装。这种情况下，新房的业主可能会认为新房不会受到氡的影响，但事实可能并非如此。

公众可能不知道新建住房中采取了防氡措施。例如，公众可能不知道需要安装防氡系统，这就是为什么防氡系统的部件应当正确标记。此外，教育公众认识防氡的好处也很重要，并且这最终将有助于向建筑商施加压力，确保正确安装所有必要的防氡措施。

仅依靠建筑法规和建筑标准并不能保证新建住宅的氡水平低于参考水平。因此，应该让公众意识到，了解他们的房屋是否受氡威胁的唯一方法是进行氡测量。

6.5 高氡浓度住宅的识别和补救

住宅中氡浓度取决于许多因素，如房屋类型、设计和施工、当地地质、土壤渗透性等，因此，即使在相邻的住宅之间，氡浓度也可能存在显著差异。不同房屋中的氡浓度只能通过测量来确定。确定居室氡浓度水平是否偏高的常用方法有两种：

- 由地方、区域或国家机构对特定区域（如高氡潜势区）的所有房屋进行测量；

● 鼓励房主利用公共项目进行室内氡检测。有些国家还为氡测量提供部分或全部资助。

房屋进行氡测量后应进行评估，包括建议采取减少氡相关风险的措施。如住宅中氡浓度高于参考水平，一定要采取补救措施，并向户主提供相关有效降氡技术的明确信息。此外，应告知住户氡的健康影响以及氡和吸烟的协同效应。可利用有关氡和吸烟的信息，进一步支持包括 WHO 在内的公共卫生部门开展烟草控制（IARC 2004、WHO 2008）。

降低住宅中氡浓度的责任通常由居住者承担。但是，在瑞典、瑞士、捷克等一些国家，室内氡浓度分别超过 200 Bq/m^3、1 000 Bq/m^3 和 4 000 Bq/m^3 时，必须采取降氡措施（Synnott 和 Fenton 2005b）。大多数国家，补救措施的费用必须由住户或房主支付。尽管与其他家庭开支相比这些开支通常很少，但有时会阻止户主采取行动。政府可以考虑给住户或房主补偿部分或全部费用，特别是在其经济条件有限或氡浓度很高的情况下。应该通过跟踪测量评估补救措施的有效性。如果一个国家制定了补偿方案，后续的跟踪测量费用应列入财政支出计划中。

向对房屋进行改建的户主或业主提供财政援助或税收优惠，可鼓励他们采取降氡措施。

房主或业主还需要了解开展降氡工作承包商的信息。因此，地区或地方部门应制定并更新一份公认有资质的降氡专业专家名单。该名单信息应该便于户主或业主获取。需要对降氡专家进行培训，以帮助确保其正确设计和实施建议的补救措施。因此，适当的培训计划应成为国家氡计划的常规组成部分。

作为衡量氡计划有效性的一项指标，各国最好建立一个全国性数据库，收集有关氡测量和与氡计划有关的其他调查信息。收集的信息应尽可能包括降氡前后的氡浓度水平、建筑特征、补救措施类型、安装成本、年度运行和维护成本以及对建筑物的其他好处和坏处等参数（例如降低湿度、裂纹）。

要求在出售房屋时进行氡测量很有益，这不仅有利于增加接受氡测量的住宅数量，而且还有利于识别和补救超过参考水平的住宅。框注 10 中给出了房产交易时要求实施氡测量国家的示例。特别是住房买卖率很高的国家，政府应考虑建议或要求在出售时进行氡测量和补救。

这种情况下，可能需要制定专门的测量规范，因为通常存在尽快卖掉房子的压力。这种情况下，购买者可以要求比通常更短的测量。如果短期测量和长期测量之间存在良好的相关性，则短期测量相关的不确定度是可以接受的（USEPA 1992）。

框注 10　房地产交易时实施氡测量国家的示例

在挪威、瑞士、英国和美国，氡测量已经是买卖房屋时一项考虑的内容（世卫组织，2007）。

参考文献

Dubois G (2005). *An overview of radon surveys in Europe*. European Commission report (EUR 21892 EN), (http://radonmapping. jrc.it).

Fennell SG et al. (2002). *Radon in Dwellings*. Radiological Protection Institute of Ireland The Irish National Radon Survey (Report RPII-02/1).

Friedmann H (2005). Final results of the Austrian radon Project. *Health Phys*, 89 (4): 339-348.

Gray A et al. (2009). Lung cancer deaths from indoor radon and the cost effectiveness and potential of policies to reduce them. *BMJ*, 338: a3110.

International Agency for Research on Cancer (2004). *Tobacco Smoke and Involuntary Smoking*. IARC Monographs on the Evaluation of Carcinogenic Risks to Humans, Vol. 83, IARC, Lyon.

International Commission on Radiological Protection (1994). *Protection against radon-222 at home and at work*. ICRP Publication 65. Oxford: Pergamon Press.

International Commission on Radiological Protection (2008). *Recommendations of the ICRP*. ICRP Publication 103. Elsevier.

Miles JC (1998) Mapping radon prone areas by log-normal modeling of house data. *Health Phys*, 74 (3): 370-378.

Miles JC et al. (2007). *Indicative Atlas of Radon in England and Wales*. Health Protection Agency. HPA-RPD-033.

Synnott H, Fenton D (2005a). *An evaluation of radon mapping techniques in Europe*. European Radon Research and Industry Collaborative Concerted Action (ERRICCA 2), European Commission Contract (FIRI-CT-2001-20142), (www.rpii.ie/reports).

Synnott H, Fenton D (2005b). *An evaluation of radon Reference Levels and radon measurement techniques and protocols in European countries*. European Radon Research and Industry Collaborative Concerted Action (ERRICCA2), European Commission Contract (FIRI-CT-2001-20142), (www.rpii.ie/reports).

United Nations Scientific Committee on the Effects of Atomic Radiation (2000). *Sources and Effects of Ionising Radiation*. UNSCEAR Report to the General Assembly. United Nations, New York.

United Nations Scientific Committee on the Effects of Atomic Radiation (2008). *Effects of Ionising Radiation*. UNSCEAR 2006 Report to the General Assembly. United Nations, New York.

United States Environmental Protection Agency (1992). *Technical*

Support Document for the 1992 Citizen's Guide to Radon, USEPA Publication 400-R-011, Washington, D.C.

United States Environmental Protection Agency (1993). *Map of Radon Zones*. USEPA Publication 402-F-93-013, Washington, D.C.

World Health Organization (2007). *International Radon Project Survey on Radon Guidelines, Programmes and Activities*. WHO, Geneva.

World Health Organization (2008). *WHO Report on the Global Tobacco Epidemic -The MPOWER package*. WHO, Geneva.

《世界卫生组织室内氡手册》是世界卫生组织国际氡项目的关键成果，该项目于2005年启动。本手册从公共卫生的视角来重点关注居民氡照射，针对降低氡的健康风险提供了详细的建议，并给出了预防和降低氡照射的选择。

本手册内容反映了室内氡照射是导致普通人群中大量肺癌的流行病学证据。

本手册共分为6章，每章开头都是关键信息。通常，专业术语在第一次使用时定义，并附有术语表。手册提供了有关氡测量的装置和可靠的测量方法信息，还讨论了新建房屋中氡的预防方案和已建房屋中降氡措施，以及评估不同防氡和降氡措施的成本一效益。本手册还介绍了氡风险沟通策略和组织国家氡计划。

该出版物面向计划制定国家氡计划或扩大现有活动的国家，以及建筑和工程人员等参与氡控制的利益相关方。

本手册的总体目标是提供氡和健康方面的最新概述，不是取代现有的辐射防护标准，而是强调国家氡计划的全面规划、实施和评估。